슈티펠이 들려주는 지수 이야기

수학자가 들려주는 수학 이야기 31

슈티펠이 들려주는 지수 이야기

ⓒ 김승태, 2008

초판 1쇄 발행일 | 2008년 8월 5일
초판 20쇄 발행일 | 2024년 1월 2일

지은이 | 김승태
펴낸이 | 정은영

펴낸곳 | (주)자음과모음
출판등록 | 2001년 11월 28일 제2001-000259호
주소 | 10881 경기도 파주시 회동길 325-20
전화 | 편집부 (02)324-2347, 경영지원부 (02)325-6047
팩스 | 편집부 (02)324-2348, 경영지원부 (02)2648-1311
e-mail | jamoteen@jamobook.com

ISBN 978-89-544-1578-1 (04410)

수학자가 들려주는 수학 이야기

31

슈티펠이 들려주는

지수 이야기

| 김 승 태 지음 |

(주)자음과모음

수학자라는 거인의 어깨 위에서
보다 멀리, 보다 넓게 바라보는 수학의 세계!

　수학 교과서는 대개 '결과' 로서의 수학을 연역적으로 제시하는 경향이 강하기 때문에 학생들은 수학이 끊임없이 진화해 왔다는 생각을 하기 어렵습니다. 그렇지만 수학의 역사는 하나의 문제가 등장하고 그에 대해 많은 수학자들이 고심하고 이를 해결하는 가운데 새로운 아이디어가 출현해 온 역동적인 과정입니다.

　〈수학자가 들려주는 수학 이야기〉는 수학 주제들의 발생 과정을 수학자들의 목소리를 통해 친근하게 이야기 형식으로 들려주기 때문에 학생들이 수학을 '과거 완료형' 이 아닌 '현재 진행형' 으로 인식하는 데 도움이 될 것입니다.

　학생들이 수학을 어려워하는 요인 중의 하나는 '추상성' 이 강한 수학적 사고의 특성과 '구체성' 을 선호하는 학생의 사고의 특성 사이의 괴리입니다. 이런 괴리를 줄이기 위해서 수학의 추상성을 희석시키고 수학 개념과 원리의 설명에 구체성을 부여하는 것이 필요한데, 〈수학자가 들려주는 수학 이야기〉는 수학 교과서의 내용을 생동감 있게 재구성함으로써 추상적인 수학을 구체성을 갖는 수학으로 변모시키고 있습니다. 또한 중간중간에 곁들여진 수학자들의 에피소드는 자칫 무료해지기 쉬운 수학 공부에 있어 윤활유 역할을 할 수 있을 것입니다.

〈수학자가 들려주는 수학 이야기〉의 구성을 보면 우선 수학자의 업적을 개략적으로 소개하고, 6~9개의 강의를 통해 수학 내적 세계와 외적 세계, 교실 안과 밖을 넘나들며 수학 개념과 원리들을 소개한 후 마지막으로 강의에서 다룬 내용들을 정리합니다. 이런 책의 흐름을 따라 읽다 보면 각 시리즈가 다루고 있는 주제에 대한 전체적이고 통합적인 이해가 가능하도록 구성되어 있습니다.

〈수학자가 들려주는 수학 이야기〉는 학교 수학 교과 과정과 긴밀하게 맞물려 있으며, 전체 시리즈를 통해 학교 수학의 많은 내용들을 다룹니다. 예를 들어《라이프니츠가 들려주는 기수법 이야기》는 수가 만들어진 배경, 원시적인 기수법에서 위치적 기수법으로의 발전 과정, 0의 출현, 라이프니츠의 이진법에 이르기까지를 다루고 있는데, 이는 중학교 1학년의 기수법의 내용을 충실히 반영합니다. 따라서 〈수학자가 들려주는 수학 이야기〉를 학교 수학 공부와 병행하면서 읽는다면 교과서 내용의 소화 흡수를 도울 수 있는 효소 역할을 할 수 있을 것입니다.

뉴턴이 'On the shoulders of giants' 라는 표현을 썼던 것처럼, 수학자라는 거인의 어깨 위에서는 보다 멀리, 넓게 바라볼 수 있습니다. 학생들이 〈수학자가 들려주는 수학 이야기〉를 읽으면서 각 수학자들의 어깨 위에서 보다 수월하게 수학의 세계를 내다보는 기회를 갖기를 바랍니다.

홍익대학교 수학교육과 교수 |《수학 콘서트》저자 박 경 미

세상의 진리를 수학으로 꿰뚫어 보는 맛
그 맛을 경험시켜 주는 '지수' 이야기

오랜 세월 현장에서 학생들을 지도하면서 지수법칙이 곱셈구구처럼 단항식 계산의 기본이 된다고 아이들에게 가르쳐 왔습니다. 얼핏 보면 따로 분리된 단원처럼 보이지만 사실 수학이란 서로 서로 연결되어 그 범위가 확장되어 갑니다.

그래서 이 지수 단원을 제대로 배우지 못한 중학생들은 그 다음 단원의 기본 계산에서 멈춰 버리는 것을 종종 보았습니다.

지수 단원은 중학교 2학년 때 등장했다가 잠시 수학의 밑바탕으로 깔립니다. 그러다가 고등학교 2학년이 되면 다시 나타납니다. 근 2년 만에 다시 나타나면서 지수함수라는 것을 데리고 나타나지요. 거기다가 로그라는 친구까지 묶어서 등장하여 우리 학생들을 괴롭힐 것입니다.

그런 여러분을 위해 이 책에서는 '지수의 아버지'라고 불리는 슈티펠이 등장합니다. 지수를 만든 슈티펠이라는 수학자가 직접 지수에 대한 살아 있는 강의를 합니다. 우리가 배우는 교과서를 가지고 지수에 대해 설명을 해 주지요.

강의에서 재미가 빠진다면 죽은 강의가 되겠지요? 여러분들에게 재미
난 강의를 들려줄 것을 슈티펠의 이름을 걸고 약속합니다.

2008년 8월 김 승 태

차례

1 이 책은 달라요

《슈티펠이 들려주는 **지수** 이야기》에서 슈티펠은 정수 지수와 간단한 분수의 지수에 대한 지수법칙을 자신의 저서에서 처음 등장시킨 수학자입니다.

16세기에 상업, 기술, 건축, 회화, 항해, 지리학, 천문학 등이 발달하면서 일상에서 접하던 수의 대상이 상상을 초월하는 크고 작은 수까지 넓어졌습니다.

이에 따라 슈티펠을 비롯한 많은 수학자들은 이러한 수들을 편리하게 다룰 수 있는 방법을 연구했습니다. 이 과정에서 지수가 양이거나 음인 정수의 거듭제곱 꼴로 나타내면 편리하다는 것을 알아냈습니다.

현재 수학을 배우는 학생들은 중학교 2학년과 고등학교 2학년 때 주로 지수 부분에 대해 본격적으로 공부를 하게 됩니다.

슈티펠은 오늘날에 우리가 쓰고 있는 형태의 지수를 만든 장본인입니다. 그가 우리 학생들이 배우게 될 지수 부분에 대해 어렵지 않게 이야기 형식으로 설명해 줍니다. 소설처럼 따라 읽다 보면 지수에 대한 전체적인 그림이 그려질 것입니다.

2 이런 점이 좋아요

1 아이들의 입맛에 맞게 그들의 사고 수준에 맞추어 정리되어 있습니다.

2 학생들이 배워야 할 수학교과서 내용에 준하여 이야기가 만들어졌습니다.

3 수학을 모르는 사람이라도 이야기의 흐름을 따라 읽어 나간다면 지수에 대한 개략적 지식이 쌓일 것입니다.

3 교과 과정과의 연계

구분	단계	단원	연계되는 수학적 개념과 내용
중학교	8-가	식의 계산	거듭제곱의 뜻과 계산 법칙
	8-가	식의 계산	지수의 활용
고등학교	10-가	수와 연산	거듭제곱의 성질
	수 Ⅰ	지수와 로그	지수가 유리수, 실수인 경우

첫 번째 수업_거듭제곱과 지수법칙

같은 수가 여러 번 곱해지는 것을 간단하게 나타내는 방법을 알아봅니다. 지수법칙에는 어떤 것이 있는지 알아봅니다.

- 선수 학습

− 거듭제곱 : 같은 수를 일정한 횟수만큼 반복해서 곱한 것입니다. 어떤 수의 2제곱, 3제곱은 각각 제곱, 세제곱이라고 합니다.

- 공부 방법

$$a^m \times a^n = a^{m+n}$$

$a \neq 0$이고 m, n이 자연수일 때,

$m > n$이면 $a^m \div a^n = a^{m-n}$

$m = n$이면 $a^m \div a^n = 1$

$m < n$이면 $a^m \div a^n = \dfrac{1}{a^{n-m}}$

- 관련 교과 단원 및 내용

중학교 2학년 학생들이 배우는 지수법칙에 대해 알아봅니다.

두 번째 수업 _ 기하급수적 증가에 대하여

기하급수적 증가와 지수에 대해 알아봅니다.

• 선수 학습

－체스_{서양장기} : 장기와 유사한 서양 놀이. 세로 8열, 가로 8열로 구획
  을 지은 반상에서, 백색_{白色}과 흑색_{黑色}으로 만든 16개씩의 말을 서로
  놀려 상대편의 왕을 움직이지 못하게 하는 편이 이기는 놀이입니다.

－안드로메다_{안드로메다대성운} : 안드로메다자리에 있는 나선_{螺線} 모양
  의 은하. 밝기는 5등급이고, 지구에서의 거리는 약 200만 광년입니
  다. 우리은하계보다 조금 크고, 엠 번호 M_{番號}는 31입니다.

• 공부 방법

숫자	거듭제곱	용어	용어
10	10^1	십	데카
100	10^2	백	헥토
1,000	10^3	천	킬로
1,000,000	10^6	백만_{백만불의 사나이}	메가_{메가사나이}
1,000,000,000	10^9	십억	기가_{기가 막히게 큰 수}
1,000,000,000,000	10^{12}	조	테라
1,000,000,000,000,000	10^{15}	천조	페타

• 관련 교과 단원 및 내용

일상생활에서 쓰이는 큰 수들과 지수를 이용한 큰 수 표현을 공부
합니다.

세 번째 수업 _지수의 확장 1 −정수 지수

정수 지수에 대해 알아봅니다. 정수 지수에 대한 법칙들을 알아봅니다.

- 선수 학습

−정수 : 음陰의 정수…, −3, −2, −1, 0, 양陽의 정수1, 2, 3, …를 합한 것. 즉 자연수 전체에 그 역원과 0을 합한 것입니다.

−번분수 : 분수의 분자 · 분모 중 적어도 하나가 분수인 복잡한 분수.

−분배법칙 : 임의의 세 원소에 대하여 두 개의 연산을 분배한 값이 성립하는 법칙. 예를 들어,

$$a \times (b+c) = (a \times b) + (a \times c)$$

는 분배법칙을 만족합니다.

- 공부 방법

0이 아닌 실수 a와 양의 정수 n에 대하여

$$a^0 = 1, \ a^{-n} = \frac{1}{a^n}$$

$m < n$일 때, $a^m \div a^n = \dfrac{1}{a^{n-m}} = a^{-(n-m)} = a^{m-n}$

- 관련 교과 단원 및 내용

고등학교 1학년 때 배우는 정수 지수에 대해 공부합니다.

네 번째 수업 _거듭제곱근

거듭제곱근이 나온 배경과 성질에 대해 배웁니다.

- 선수 학습

−제곱근 : 어떤 수 x를 제곱하여 a가 되었을 때, x를 a의 제곱근이라고 합니다. 실수 a와 자연수 n에 대하여 $x^n = a$를 만족시키는 x가 존재할 때, 이것을 a의 n제곱근이라 하고, 특히 $n = 2$일 경우를 제곱근이라고 합니다.

−루트 : 제곱근을 루트라고 합니다.

- 공부 방법

−양수 a의 제곱근 $\begin{cases} -\sqrt{a}\text{음의 제곱근} \\ \sqrt{a}\text{양의 제곱근} \end{cases} \Leftrightarrow \pm\sqrt{a}$

−제곱근의 성질

　$a > 0$일 때

　$(\sqrt{a})^2 = a,\ (-\sqrt{a})^2 = a$

　$\sqrt{a^2} = a,\ \sqrt{(-a)^2} = a$

- 관련 교과 단원 및 내용

　중학교 3학년, 고등학교 1학년 때 배우는 제곱근에 대한 기본 성질을 배웁니다.

다섯 번째 수업 _또 다른 거듭제곱근

거듭제곱근의 계산 방법을 배워 봅니다.

- 선수 학습

–데카르트 : 프랑스의 철학자·수학자·물리학자. 근대철학의 아버지로 불립니다. "나는 생각한다, 고로 나는 존재한다"라는 유명한 말을 남겼습니다.

• 공부 방법

–거듭제곱근의 성질

$a>0$, $b>0$이고 m, n이 양의 정수일 때,

① $\sqrt[n]{a}\sqrt[n]{b}=\sqrt[n]{ab}$ ② $(\sqrt[n]{a})^m=\sqrt[n]{a^m}$

③ $\sqrt[m]{\sqrt[n]{a}}=\sqrt[mn]{a}$ ④ $\dfrac{\sqrt[n]{a}}{\sqrt[n]{b}}=\sqrt[n]{\dfrac{a}{b}}$

• 관련 교과 단원 및 내용

고등학교 2학년 때 배우는 거듭제곱근에 대한 성질을 배웁니다.

여섯 번째 수업 _ 지수의 확장 2 – 유리수 지수

지수가 유리수 범위로 확장된 것을 알아봅니다. 지수가 유리수일 때 계산하는 방법에 대해 공부합니다.

• 선수 학습

–유리수 : 실수實數 중에서 정수整數와 분수分數를 합친 것. 두 정수 a와 $b(b \neq 0)$를 비比 $\dfrac{a}{b}$ 분수의 꼴로 나타낸 수를 말합니다.

• 공부 방법

–$a>0$, m이 정수이고 n이 2 이상의 정수일 때,

$$a^{\frac{1}{n}} = \sqrt[n]{a}, \quad a^{\frac{m}{n}} = \sqrt[n]{a^m}$$

$$a^{-\frac{m}{n}} = \frac{1}{a^{\frac{m}{n}}} = \frac{1}{\sqrt[n]{a^m}}$$

$-a > 0$, k가 유리수일 때,

$$a^{-k} = \frac{1}{a^k}$$

• 관련 교과 단원 및 내용

고등학교 2학년 때 배우는 거듭제곱근의 심화된 내용을 배웁니다.

일곱 번째 수업 _지수가 실수인 경우

지수가 실수인 경우에 대해 배워 봅니다.

• 선수 학습

− 무리수 : 실수 중에서 유리수가 아닌 수. 즉 두 정수 a, b의 비比인 꼴 $\frac{a}{b}(b \neq 0)$로 나타낼 수 없는 수입니다.

− 실수 : 정수의 몫으로 정의되는 유리수의 범위에서는 대소의 순서를 정할 수 있으며, 사칙연산을 자유로이 할 수 있는 수. 그러나 이 범위에서는 역시 불완전한 점이 많습니다.

예를 들어, 단위의 길이를 가지는 정사각형의 대각선 길이 $x^2 = 2$의 근는 유리수로 나타낼 수 없습니다. 이와 같은 결함을 보완하기 위하여 유리수에 무리수를 첨가하여 수의 범위를 실수까지 확장한 것입니다.

• 공부 방법

　－지수가 실수일 때의 지수법칙

　$a>0$, $b>0$이고 m, n이 유리수일 때

　① $a^m \times a^n = a^{m+n}$ 　　② $(a^m)^n = a^{mn}$

　③ $(ab)^m = a^m b^m$ 　　④ $a^m \div a^n = a^{m-n}$

• 관련 교과 단원 및 내용

고등학교 2학년 때 배우는 지수가 실수일 때 지수법칙에 대해 배웁니다.

여덟 번째 수업 _지수의 활용 문제

일상생활과 산업 전반에서 쓰이는 지수의 활용에 대해 알아봅니다.

• 선수 학습

　－나노기술 : 10억분의 1 수준의 정밀도를 요구하는 극미세가공 과학기술. 기존의 재료 분야들을 연결함으로써 새로운 기술 영역을 구축하고, 기존의 학문 분야와 인적자원 사이의 시너지 효과를 유도하며 최소화와 성능 향상에 기여하는 바가 큽니다.

　－힐베르트 : 독일의 수학자. 그의 업적은 수학의 거의 모든 부분에 미치고 있으나, 특히 대수적 정수론代數的整數論의 연구, 불변식론不變式論의 연구, 기하학의 기초 확립, 수학의 과제로서의 몇몇 문제의 제

시, 적분방정식론의 연구와 힐베르트 공간론의 창설, 공리주의수학 기초론公理主義數學基礎論의 전개 등을 들 수 있습니다.

• 공부 방법

컴퓨터가 처리하는 정보의 기본 단위는 바이트byte, B입니다. 컴퓨터 기억 장치의 용량 또는 정보량을 나타낼 때는 다음과 같이 정의된 킬로바이트KB, 메가바이트MB, 기가바이트GB 등을 사용합니다.

$$1\text{KB}=2^{10}\text{B}, \quad 1\text{MB}=2^{10}\text{KB}, \quad 1\text{GB}=2^{10}\text{MB}$$

• 관련 교과 단원 및 내용

지수 활용에 대해 공부를 함으로써 학교 수업의 문장제 문제에 활용된 지수 문제를 해결할 수 있습니다.

슈티펠을 소개합니다

Michael Stifel (1486~1567)

나는 수학사에서 가장 미묘한 인물로 알려져 있습니다.

원래 목사였던 나는 마틴 루터를 따라 신교로 개종한 후

광신적인 개신교도가 되어 신비주의에 빠졌습니다.

나는 산술기법을 이용하여 당시 교황인 레오 10세Leo X가

'요한 계시록'에 나오는 적그리스도라는 것을 증명하였습니다.

레오 10세의 라틴어인 LEO DECIMVS로부터

로마 수 체계에서 의미를 갖고 있는 문자인 L, D, C, I, M, V 만을 남기고,

레오 X를 뜻하는 X를 더한 후 신비를 뜻하는 M을 빼고,

DCLXVI로 재배열하면 $D_{500} + C_{100} + L_{50} + X_{10} + V_5 + I_1 = 666$

으로 요한 계시록에서 이야기하는 '악마의 수' 666이 된다는 것입니다.

이 사실을 알게 된 교황 옹호자들은 나를 죽이려고 했습니다.

그래서 나는 1522년에 루터에게 피신한 후

16세기 독일의 유명한 대수학자가 되었습니다.

여러분, 나는 슈티펠입니다

와글와글, 누가 싸우나 봅니다. 조용하던 수학 마을에 무슨 일일까요? 언제나 질서를 지키는 수학 마을에서 이런 일은 10^6 메가일 만에 한 번 생길까 말까 한 일입니다. 하지만 싸움 구경은 재미있으니 한 번 가 보도록 합시다.

세 명의 수학자들이 다투고 있네요. 저들의 이름은 각각 오렘, 스테빈, 슈티펠입니다. 한국에서 흔하게 들을 수 있는 이름은 아닙니다. 다 외제이지요. 외국 수학자들이라는 점 말고도 모두 지수라는 수학 기호를 다룬 수학자들이라는 공통점을 가지고 있습니다.

옆에서 구경하던 지수라는 여학생이 자기를 말하느냐고 묻습니다. 사람 이름이 아니라고 하니 새침하게 가 버리네요.

그런데 저들은 왜 싸우고 있는 것일까요? 자세히, 10^{-9}나노라는 단위로, 분자 사이의 거리보다 가까운 거리를 말함의 거리로 다가가 봅시다.

그들의 대화가 들리네요.

오렘: 나는 학생들에게 지수를 가르치기 위해 오랜 세월을 기다려 왔어요. 그러니까 내가 지수에 대해 가르쳐야 해요.

스테빈: 나는 소수 기호를 발명한 사람입니다. 당연히 이런 내가 지수에 대해 설명해야 하는 것 아닐까요?

슈티펠: 친구들이여, 우리 싸우지 맙시다. 내가 지수에 대해 가르치게 된 것은 하느님의 뜻입니다. 나는 전직 목사였습니다.

모두들 전직 목사였다는 말에 양보를 하네요. 그렇습니다. 슈티펠은 전직이 목사였던 수학자입니다. 그래서 그들의 싸움은 끝이 나고, 지수에 대한 수업은 슈티펠이 하게 됐습니다.

그럼, 앞으로 우리에게 지수에 대해 가르칠 수학자 슈티펠에 대해 좀 살펴보겠습니다.

독일의 대수학자 슈티펠은 에스링겐에서 출생하였습니다. 처음에는 목사였으나 《계시록》과 《다니엘》이라는 책에서 신비적인 수의 뜻을 연구하여 수학자가 되었습니다. 16세기 독일에서 발간된 대수학책들 중 가장 높이 평가받고 있는 《산술백과 Arithmetica integra》1544를 저술했습니다. 이 책에서는 파스칼의 삼각형, 음수, 거듭제곱, 거듭제곱근 등이 다루어지고, 기호도 사용하고 있습니다.

슈티펠이 여러분께 인사를 하네요.

안녕하세요. 나는 방금 소개 받은 슈티펠입니다. 앞으로 여러분과 함께 지수의 세계로 여행을 다닐 것입니다. 아무쪼록 신나는 수학 여행이 되었으면 좋겠습니다. 학교에서 2박 3일로 가는 수학여행이 아니므로 준비물은 따로 필요 없습니다. 단지 지수 여행을 포기하지 말고 나와 쭈욱 함께 하면 됩니다.

아 참, 소개할 친구가 있습니다. 나를 도와 지수의 여행을 떠날 밑마우스입니다. 이 친구는 미키마우스와 아주 사이가 나쁘니까 절대 미키마우스라고 착각하여 부르지 마세요. 반드시 밑마우스라고 해야 합니다.

지수에는 수 위에 쥐처럼 작은 수들이 놓여 있습니다. 그때 우리 밑마우스가 올라가서 계산을 도와줄 거예요.

자, 그럼 떠나도록 합시다.

슈티펠이 들려주는 지수 이야기

거듭제곱과 지수법칙

똑같은 수가 여러 번 곱해지는 것을 간단하게
나타내는 방법과 다양한 지수법칙에 대해 알아봅니다.

첫 번째 학습 목표

1. 똑같은 수가 여러 번 곱해지는 것을 간단하게 나타내는 방법을 알아봅니다.
2. 지수법칙에는 어떤 것이 있는지 알아봅니다.

미리 알면 좋아요

1. 거듭제곱 같은 수를 일정한 횟수만큼 반복해서 곱한 것입니다. 어떤 수의
2제곱, 3제곱은 각각 제곱, 세제곱이라고 합니다.

슈티펠의
첫 번째 수업

거듭제곱이라는 말이 등장했습니다. '히히힝' 하고 타고 다는 말이 아니고 '거듭제곱'이라는 용어입니다. 천천히 알아봅시다.

2와 2와 2를 곱한다는 것을 표현해 보세요. 잠깐! 계산하라는 뜻이 아닙니다. 2와 2와 2를 곱한 상태를 표현해 보라는 것입니다.

"2×2×2입니다."

그렇지요. 2를 3번 곱한 상태를 표현하는 것은 힘들지 않지요.

그럼, 2를 7번 곱한 상태를 표현해 보세요.

"2×2×2×2×2×2×2가 됩니다. 이정도 되니까 표현하기가 만만하지 않아요."

그래서 생각을 했습니다. 같은 수나 문자를 거듭해서 곱할 때 간단하게 표현하는 법을 만들자. 그런 표현을 만들지 못한 상태에서 많은 수학자들이 같은 수를 거듭해서 곱하다가 손목 관절염에 시달리기도 했습니다. 특히 겨울에 말이죠.

그래서 생각해 낸 방법입니다. 일단 2를 7번 곱한 것부터 간단히 표현해 보겠습니다. 밑마우스, 도와주세요.

저기 밑마우스가 2 위에서 조그만 7을 들고 있는 것이 보이지요? 저렇게 표현하면 됩니다. 2가 7번 곱해져 있다는 뜻이지요. 거듭제곱에서 곱한 횟수를 지수로 나타냅니다. 지수란 밑마우스가 들고 있는 조그마한 수를 말합니다. 이제 정리를 해 볼까요.

중요 포인트

2^7에서 2는 밑, 7은 지수라고 부른다.

밑에 대한 조그마한 지수 표현은 우리 밑마우스가 도와주면 쉽습니다. 앞으로도 밑마우스가 우리를 도와줄 것입니다.

숫자로만 예를 들면 나중에 문자를 만났을 때 당황하더군요. 그래서 이번에는 밑이 문자인 거듭제곱 모양을 살펴보겠습니다. 연결해서 공부하면 어렵지 않습니다.

a라는 문자를 5번 곱해 보겠습니다.

$$a \times a \times a \times a \times a = a$$

보세요. 우리의 밑마우스가 a 위의 작은 5를 흔들고 있지요? 우리의 밑마우스, 쥐처럼 날렵합니다. 번식력도 뛰어나답니다. 그 번식력은 뒤에 나오는 계산 법칙에서 보여 줄게요.

이제 거듭제곱끼리의 곱셈을 보여 주겠습니다. 말로만 하는 수학은 어렵습니다. 직접 보고 느끼세요. 여기서 이해가 안 되는 부분은 부담 갖지 말고 나에게…… 묻지 말고 학교 선생님께 물어보세요. 하하, 농담입니다. 밑마우스가 해결해 줄 거예요.

밑이 같은 거듭제곱끼리의 곱셈은 밑은 그대로 두고 지수끼리만 서로 더합니다.

"곱셈을 하는데 왜 더해요?"

보세요. 그리고 느끼세요.

$3^2 \times 3^5 = 3^7 = 3^{2+5}$로 할 수 있다는 뜻인데 이유가 궁금하죠?

밑마우스, 밑 위에서 지수끼리 더하느라 수고했는데 왜 더하는지 알고 싶지 않니?

밑마우스는 자기는 쥐라서 그렇게 자세한 것까지는 알 수 없다고 합니다.

그럼 내가 설명을 하겠습니다.

$$3^2 \times 3^5 = (3 \times 3) \times (3 \times 3 \times 3 \times 3 \times 3) = 3 \times 3 \times 3 \times 3 \times 3 \times 3 \times 3$$

너무 길지요? 거듭제곱의 표현을 잘 생각하면 됩니다. 이래서
원리와 개념이 중요한 거지요. 자, 3이 몇 개 있지요?

"3이 7개 있어요."

그럼 밑마우스, 어서 3을 타고 올라가서 7을 만드세요.

역시 밑마우스의 행동이 민첩하군요. 시골집에서 잠을 자다 보
면 천장에서 부시럭거리는 소리가 들리지요? 너무 놀라지 마세
요. 우리의 밑마우스가 위에서 지수를 만든다고 부시럭거리는 소
리거든요. 그래서 지수는 언제나 밑 위에서 조그맣게 표현되는
것입니다. 밑은 밑아래에 있어서 밑이라고 생각하세요. '대장금'
이라는 드라마에서 홍시 맛이 나서 홍시라고 했는데 왜 홍시라고

했는지 물어보면 곤란하다고 하지요? 밑에 있어 밑이라고 하는데 왜 밑이라고 하는지 물어보면 곤란합니다.

그럼, 이제는 문자 밑을 가지는 거듭제곱으로 정리를 좀 해 보겠습니다.

$$a^4 \times a^6 = a^{4+6} = a^{10}$$

이것을 공식화해 봅시다.

중요 포인트

$$a^m \times a^n = a^{m+n}$$

이제 밑이 다른 거듭제곱끼리의 곱셈에 대해 알아보겠습니다. 밑마우스의 여자친구를 불러와서 이것을 설명하겠습니다.

$$a^3 \times b^8 = a^3 b^8$$

이런 경우, 밑마우스와 그의 여자친구는 곱하기 기호를 없애고 둘이 착 달라붙어 버립니다. 그들에게 곱하기 기호는 소용이 없습니다.

눈꼴사나워 더 이상 보기 싫습니다. 그러니 어서 거듭제곱의 거듭제곱을 알아보도록 합시다.

법칙부터 먼저 보고 설명을 하도록 할게요.

슈티펠이 들려주는 지수 이야기

$$m, n \text{이 자연수일 때, } (a^m)^n = a^{mn}$$

거듭제곱의 거듭제곱은 거듭제곱끼리의 곱셈을 이용하여 계산합니다. 즉 지수끼리 곱합니다. 한 지붕 세 가족과 같은 형태입니다. 갑자기 이상한 소리처럼 들리나요? 그러면 한번 보세요.

$$(a^4)^3 = a^4 \times a^4 \times a^4 = a^{4+4+4} = a^{4 \times 3} = a^{12}$$

a^4이라는 가족이 세 가구 살고 있다고 보면 됩니다. 그 묶음들이 세 개나 있으니 당연히 지수끼리 곱을 해야지요.

그래서 다시 요약하면 $(a^4)^3 = a^{4 \times 3} = a^{12}$이 되는 것입니다. 괄호가 있으면 무조건 지수끼리 곱한다고 생각해도 됩니다.

괄호는 곱하기가 생략되어 있다고 보면 되는데…….

이때 밑마우스가 자신의 배를 앞으로 쑤욱 내밉니다. 갑자기 왜 그럴까요? 밑마우스가 자신의 배를 옆에서 선을 따라 보라고 합니다.

아하, 괄호처럼 볼록하게 휘어져 있군요. 그렇게 생각하고 보니 정말 밑마우스의 배가 괄호 모양 같네요.

밑마우스가 다시 자신의 배꼽을 가리킵니다.

보통 만화에서 배꼽을 곱하기로 표시합니다. 밑마우스의 배꼽도 곱하기로 표시되어 있네요. 아, 무슨 뜻인지 나는 감을 잡았습니다. 밑마우스의 배는 괄호를 상징하고 곱하기 기호 모양의 배꼽은 괄호 안에 숨어 있는 곱하기의 의미라는 것을 밑마우스가 보여 주려고 하나 봅니다.

밑마우스가 고개를 끄덕입니다.

밑마우스가 미키마우스보다 더 엉뚱하네요.

좀 웃었더니 곱하기 빠지는 줄 알았습니다. 여기서 곱하기는 배꼽이라고 할 수 있지요. 밑마우스가 그랬잖아요.

배꼽은 배를 곱하는 것이라고 볼 수 있지요. 그럼 배수는 곱하는 수라는 말인가요? 생각해 보니 그런 것 같네요. 아무렇게나 기억해도 됩니다.

너무 웃다가 배꼽 빠지겠습니다. 빠지는 것을 빼기라고 보면 됩니다. 그래서 이제부터는 거듭제곱끼리의 나눗셈에 대해 알아보도록 하겠습니다. 일단 개념 정리부터 해 봅시다.

중요 포인트

$a \neq 0$이고 m, n이 자연수일 때,

$$m > n \text{이면 } a^m \div a^n = a^{m-n}$$

$$m = n \text{이면 } a^m \div a^n = 1$$

$$m < n \text{이면 } a^m \div a^n = \frac{1}{a^{n-m}}$$

앞의 경우를 보면 지수의 크기에 따라 세 가지 방법으로 나누어져 있습니다.

첫 번째, 앞의 지수가 큰 경우입니다.

거듭제곱끼리의 나눗셈은 $a \div b = \dfrac{a}{b}(b \neq 0)$임을 이용해서 분수로 바꾼 다음 약분하여 구합니다. 예를 들어 보여 주겠습니다.

$$a^5 \div a^2 = \frac{a^5}{a^2} = \frac{a \times a \times a \times a \times a}{a \times a} \quad \Leftarrow 약분합니다.$$
$$= a \times a \times a = a^3$$

이렇게 계산하는 것이 맞습니다. 하지만 계산할 때마다 이런 식으로 계산하면 번거롭습니다. 그래서 공식처럼 밑이 같은 경우에만 지수의 크기를 비교하여 지수의 차로 계산합니다.

다시 한 번 봅시다. 밑마우스가 활약할 것입니다. 밑마우스, 도와줘요.

$$a^5 \div a^2 = a^{5-2} = a^3$$

밑마우스가 3이라는 쥐같이 작은 수를 들고 있는 것이 보이지요? 그렇습니다. 밑이 같은 경우의 나눗셈은 지수끼리의 빼기로 처리합니다.

이제 지수의 크기가 같은 경우를 알아보겠습니다.

$$a^5 \div a^5 = \frac{a^5}{a^5} = \frac{a \times a \times a \times a \times a}{a \times a \times a \times a \times a} = 1$$

하하, 이 부분을 이해하지 못하는 친구들이 있는 것 같군요.

$2 \div 2 = \frac{2}{2} = 1$ 과 같은 개념입니다. 거듭제곱도 수를 나타내는 것이라고 보면 이해하기 어렵지 않습니다.

이제 약간 까칠한 녀석입니다. 뒤에 나오는 지수가 더 큰 놈이지요. 즉 뒤통수치는 녀석입니다.

$$a^2 \div a^5 = \frac{a^2}{a^5} = \frac{a \times a}{a \times a \times a \times a \times a} = \frac{1}{a \times a \times a} = \frac{1}{a^3}$$

분수로 고쳐서 생각하면 아무 문제없지만 이것을 빨리 계산하다 보면 문제가 좀 생깁니다.

$$a^2 \div a^5 = a^{2-5} = a^{-3}$$

뭔가 이상하지요? 고등학생이 되면 이렇게 푸는 것이 당연한데 중학생까지는 지수가 음수가 될 수 없다고 합니다. 그래서 이런 경우 분수 꼴을 이용하여 앞의 식에서 나온 대로 해 주기로 약속했습니다. 우리 수업에서는 뒤에 가서 다시 다루겠습니다.

즉 $a^2 \div a^5 = \dfrac{1}{a^{5-2}}$ 로 계산합니다. 언제? 뒤의 지수가 더 클 때입니다.

슈티펠이 들려주는 지수 이야기

이제부터는 동에 번쩍 서에 번쩍하는 밑마우스의 대활약을 감상하겠습니다.

곱과 몫의 거듭제곱에 대하여 알아봅시다. 일단 지수법칙부터 써 두겠습니다.

중요 포인트

n이 자연수일 때, $(ab)^n = a^n b^n$

n이 자연수이고 $b \neq 0$일 때, $\left(\dfrac{a}{b} \right)^n = \dfrac{a^n}{b^n}$

b가 0이 아니라는 것은 분수 모양에서 분모는 언제나 0이 되

어서는 안 되기 때문이지요.

곱의 거듭제곱은 괄호를 풀어 각각의 거듭제곱으로 나타내고, 몫의 거듭제곱은 괄호를 풀어 분자와 분모를 각각의 거듭제곱으로 나타냅니다.

식을 보고 한 번 확인해 보도록 하지요.

$$(ab)^3 = ab \times ab \times ab$$

자, 이제 밑마우스, 큰 돋보기를 가져 오세요.

밑마우스가 들고 온 돋보기를 ab 사이에 대 봅시다. 보이나요? 거기에는 생략된 곱하기 기호가 숨어 있습니다. 나같이 수학하는 사람은 냄새만 맡아도 알 수 있습니다.

중학교 1학년 때, 문자와 문자 사이에는 곱하기 기호를 생략할 수 있다고 배웁니다. 생략된 놈들을 찾아서 일렬로 벌세우듯이 세워 봅시다.

$$a \times b \times a \times b \times a \times b$$

볼 만합니까? 하지만 나는 아직 만족하지 못하겠습니다. 같은 문자는 같은 문자끼리 모아야 직성이 풀립니다.

$$a \times a \times a \times b \times b \times b$$

"그런데 선생님, 이렇게 모아도 되나요?"

그럼요, 됩니다. 곱셈에 대한 교환법칙이 성립하기 때문이지요. 교환법칙이란 자리를 바꿔도 된다는 법칙입니다.

$a \times a \times a \times b \times b \times b$에서 아직 만족할 수 없습니다. 더 간단히 나타내고 싶은 나의 욕망이 왼쪽 엄지발가락에서 솟아오릅니다.

$$a \times a \times a \times b \times b \times b = a^3 \times b^3$$

간단하지요? 하지만 방심하지 마세요. 아직도 만족할 수 없습니다. $a^3 \times b^3$보다 더 간단히 나타낼 수 있습니다.

$$a^3 b^3$$

휴우, 이게 끝입니다. 더는 안 됩니다. 힘들게 달려왔군요. 내가 말하고 싶은 부분은 다음과 같습니다.

$$(ab)^3 = a^3b^3$$

이제 몫에 대해서도 알아봅시다. 몫이라고 하니까 좀 헷갈리나요. 나누기라고 봐도 되고 분수 표현이라고 봐도 됩니다. 바로 식을 통해 알아봅시다.

$$\left(\frac{a}{b}\right)^3 = \frac{a}{b} \times \frac{a}{b} \times \frac{a}{b} = \frac{a \times a \times a}{b \times b \times b}$$

휴우, 법칙은 어느 정도 정리가 된 것 같습니다. 밑마우스가 보여 줄게 있다고 하네요. 보면서 이번 교시를 마칩시다.

슈티펠이 들려주는 지수 이야기

첫 번째
수업 정리

1 $a^m \times a^n = a^{m+n}$

2 $a \neq 0$이고 m, n이 자연수일 때,

$m > n$이면 $a^m \div a^n = a^{m-n}$

$m = n$이면 $a^m \div a^n = 1$

$m < n$이면 $a^m \div a^n = \dfrac{1}{a^{n-m}}$

기하급수적 증가에 대하여

커다란 수의 세계를 통해 기하급수적 증가와 지수에
대해 알아봅니다.

1. 기하급수적 증가와 지수에 대해 알아봅니다.

미리 알면 좋아요

1. **체스**서양장기 장기와 유사한 서양 놀이. 세로 8열, 가로 8열로 구획을 지은 반상에서, 백색白色과 흑색黑色으로 만든 16개씩의 말을 서로 놀려 상대편의 왕을 움직이지 못하게 하는 편이 이기는 놀이입니다

2. **안드로메다**안드로메다대성운 안드로메다자리에 있는 나선螺線 모양의 은하. 밝기는 5등급이고, 지구에서의 거리는 약 200만 광년입니다. 우리은하계보다 조금 크고, 엠 번호M番號는 31입니다.

슈티펠의
두 번째 수업

첫 번째 수업 시간에 공부를 너무 열심히 했나 봅니다. 밑마우
스가 오늘은 도저히 공부할 컨디션이 아니라고 이야기하며 자신
의 쥐꼬리를 살랑살랑 흔들어 댑니다.

그럼 이번 시간에는 수업을 잠시 접고 이야기를 해 주겠습니다.
옛날 옛날 인도에 어떤 왕이 살았습니다. 여기서 인도는 차가
다니는 차도, 사람이 다니는 인도 그런 뜻이 아니라 나라의 이름

을 말합니다.

아얏, 자꾸 이야기하다가 옆길로 샌다고 밑마우스가 내 발가락을 깨뭅니다. 무좀에 걸린 발인지도 모르고 말이죠. 하하하.

자, 지금부터는 이야기를 쭈욱 이어나가겠습니다.

인도의 왕은 전쟁을 좋아해서 백성들은 늘 불안했습니다. 전쟁은 많은 사람의 목숨을 앗아가거든요. 이기더라도 많은 백성들이 다칩니다.

그래서 '세타' 라는 승려가 왕의 관심을 돌리기 위해 전쟁과 규칙이 비슷한 놀이인 체스를 만들었습니다. 서양장기의 일종이지요.

병력이 많고 적음에 관계없이 전략에 의해 승패가 좌우되는 변화무쌍한 게임인 체스에 왕은 푸욱 빠졌습니다. 그래서 왕은 전쟁보다 체스를 즐기게 되었습니다.

왕은 재미있는 게임을 만든 세타에게 상을 주려고 소원을 물었습니다.

그러자 세타가 대답합니다.

"체스판의 첫 칸에 밀 1알, 둘째 칸에 2알, 셋째 칸에 4알과 같이 두 배씩 밀알의 수를 늘려 체스판의 64칸을 채워 주십시오."

왕은 너무 작은 소원이라고 생각했습니다.

과연 그럴까요? 체스판을 세타의 요구대로 채워 보겠습니다.

$$1+2+2^2+2^3+2^4+\cdots+2^{63}$$

밑마우스가 지수로 활약했습니다. 이 수가 작아 보이나요? 계산해 보겠습니다.

18,446,744,073,709,551,615알입니다. 요즘 사람들이 '억, 억' 해서 이 수가 시시해 보이나요? 이 수의 크기를 이해하기 쉽게 가시화시켜 볼게요. 우선 읽어 보는 것부터 합시다.

"1844경 6744조 737억 955만 1615알입니다."

$1m^3$에 1500만 개의 밀알을 담을 수 있다고 한다면 밀알의 부피는 $1200km^3$가 넘습니다. 아직 느낌으로 와 닿지는 않지요? 다시 쉽게 예를 들어 설명하면, 서울 면적이 $605.52km^2$ $^{부피≒1200km^3}$입니다. 이것은 높이 2km가 되는 상자가 있어야 다 담을 수 있습니다.

엄청난 양이라는 느낌이 들지요?

세타의 요구는 엄청난 것이었습니다.

슈티펠이 들려주는 지수 이야기

날이 점점 어두워지고 있습니다. 밑마우스와 슈티펠은 금방 떠오른 달을 보고 있습니다. 달나라로 여행을 가서 방아를 찧으면서 즐겁게 살고 있는 토끼를 밑마우스가 부러운 눈으로 바라봅니다.

밑마우스가 달나라에 가고 싶은가 보군요. 달에 가고 싶은 밑마우스를 위해 내가 가장 싸게 달나라로 갈 수 있는 방법을 가르쳐 주겠습니다. 600원만 있으면 갈 수 있습니다. 이제부터 달나라에 가는 방법을 가르쳐 줄 테니 잘 들으세요. 특히 밑마우스! 600원을 주고 신문을 사 오세요. 내가 달나라로 보내 줄 테니까요.

신문지의 두께를 1mm라 하면 한 번 접으면 2mm, 두 번 접으면 $2^2=2\times2$mm, 세 번 접으면 $2^3=2\times2\times2$mm, … 따라서 45번 접으면 2^{45}mm입니다. 2^{45}mm$=35,184,372,088,832$mm $=35,184,372.088832$km입니다.

지구와 달까지의 거리는 38만 4405km이므로 충분히 됩니다. 밑마우스가 당장 신문을 접어 달나라에 가려고 하네요. 하지만 말려야겠습니다. 접는 것이 쉬운 일이 아니니까요.

일곱 번 정도 접은 밑마우스가 현실적으로 불가능하다며 슈티펠의 발을 물려고 달려듭니다. 그러자 슈티펠은 무좀이 있는 발을 들어 밑마우스를 경계합니다. 팽팽한 긴장감이 흐르고, 슈티펠과 밑마우스는 휴전을 하기로 했습니다.

계산상으로는 가능하지만 종이를 접는 것은 힘든 일입니다. 기하급수적 증가란 대단하다는 것을 느낄 수 있습니다. 이것이 바로 지수 증가의 힘입니다.

슈티펠이 들려주는 지수 이야기

밑마우스가 갑자기 돌발 질문을 합니다.

"선생님, 거듭제곱은 왜 배우는 거지요?"

거듭제곱은 수를 무지막지하게 크게 만듭니다. 수를 크게 만드는 것은 우리를 힘들게 하기도 하지만 이것을 반대로 이용하면 우리에게 아주 편리함을 주기도 합니다. 독을 이용해서 약을 만드는 의학박사들이 있는 것처럼 거듭제곱을 우리에게 이롭게 적용하는 방법이 있습니다.

"이 별에는 전기가 들어오니, 안 들어오니?"

"음, 이 별은 전기가 안 들어오메다."

이렇게 해서 이름이 붙은 안드로메다에서 지구까지의 거리는

200,000,000,000,000,000입니다. 만약 지구에서 안드로메다까지의 거리를 누가 써 달라고 합니다. 그래서 200,000,000,000,000,000 이렇게 썼습니다. 근데 또 누가 와서 써 달라고 부탁합니다. 거절하기 뭐해서 또 200,000,000,000,000,000이라고 써 주었습니다. 수고했다면서 또 다른 사람이 부탁을 합니다. 정말 힘든 일입니다. 그래서 나 슈티펠이 만들어 냈습니다.

$$2 \times 10^{17}$$

이렇게 하면 끝납니다. 밑마우스가 밑인 10 위로 올라가서 들고 있는 작은 숫자 17은 동그라미의 개수를 나타냅니다. 아무리 동그라미가 많이 붙은 숫자라도 지수를 이용하면 쉽게 나타낼 수 있습니다. 과학자들은 이것을 이용하여 kg으로 표시한 우리 은하와 달의 질량을 다음과 같이 구했습니다.

우리 은하의 질량 : 2×10^{41}kg

달의 질량 : 7×10^{22}kg

그러자 생물학자들도 이에 질세라 지구상에 있는 곤충의 수를 세어 보았습니다.

10^{16}마리로 추정

생물학자들이 곤충의 수를 추정하자 과학자들이 다음과 같이 큰 수들을 표현해 냅니다. 정말 경쟁 심리는 무섭습니다.

우주는 10^{10}년이 되었고 앞으로 10^{100}년은 지속될 것이다. 태양계가 속한 우리은하에는 10^{11}개의 별이 있다. 빙하가 지구를 덮는 데에는 약 10^{30}개의 얼음 결정이 필요하다. 우주에는 10^{80}개의 원자가 있다.

생물학자의 한마디는 과학자들의 엄청난 반격을 받고 말았습니다. 생물학자가 반격을 하려고 하자 내가 말렸습니다. 이런 대결은 정말 끝도 없으니까요. 하하하.

그렇다고 무조건 지수 꼴의 표현이 좋은 것은 아닙니다. 세상에는 다 장단점이 있으니까요. 가령 편의점에서 만 원을 주고 물건을 샀다고 칩시다. 만 원을 받은 점원이 "만 원 받았습니다"라고 하지 않고 "십의 네제곱 원 받았습니다"라고 한다면 얼마나 어색하겠어요.

"엄마 나 십의 네제곱 원만 주세요."

"얼마 전에 십의 네제곱 원을 줬잖아."

"그 십의 네제곱 원은 학용품 샀어요. 십의 네제곱 원 더 주세요."

아주 어색하지요? 그래서 배운 것을 필요한 곳에 잘 응용해야 합니다.

커다란 수의 세계를 나타내는 표를 한 번 살펴봅시다.

숫자	거듭제곱	이름	용어
10	10^1	십	데카
100	10^2	백	헥토
1,000	10^3	천	킬로
1,000,000	10^6	백만백만불의 사나이	메가메가 사나이
1,000,000,000	10^9	십억	기가기가 막히게 큰 수
1,000,000,000,000	10^{12}	조	테라
1,000,000,000,000,000	10^{15}	천조	페타

서양 표현에 질세라 동양의 거듭제곱 표현이 반격을 합니다. 동서양의 대결로 학생들이 알아야 할 표현이 더 늘어났네요. 동서양의 대결로 우리 학생들이 희생양이 되었군요.

▨동양의 반격

먼저 중국식으로 큰 숫자를 나열해 보겠습니다.

일, 만, 억, 조, 경, 해, 자, 양, 구, 간, 정, 재, 극

위의 수들은 모두 만씩 계산을 한 것입니다.

즉 억은 만의 만 배, 해는 경의 만 배, 자는 해의 만 배, … 이런 식으로 계산을 해 나간 것입니다.

극10의 48제곱까지만 적어 보았는데 극은 極다할 극자를 씁니다. 즉 다했다는 뜻으로 이보다 더 큰 수를 생각하는 것은 그만 둔 것 같습니다.

당나라 때는 이보다 큰 수들도 있었습니다.

극의 만 배인 항아사항아는 인도의 갠지스 강을 중국식으로 읽은 것으로, 인도 갠지스 강의 모래만큼 많다는 뜻, 나유다, 아승지, 무량대수 순입니다.

무량대수는 10의 64제곱으로, 엄청나게 큰 수입니다.

그럼 이제 우리나라식 수를 알아보겠습니다. 우리나라 말에 '골백번 죽는다' 는 말이 있습니다. 여기서 '골' 은 만을 뜻하는 수입니다. 만이 백 번이 되기 때문에 골백번은 곧 10^6을 나타내는 순수한 우리나라 말입니다.

우리말에 또 '온몸이 아프다' 는 말이 있습니다. 여기에서 '온' 은 백을 나타내는 순수한 우리말입니다. 그리고 천을 '즈믄', 만을 '골', 억을 '잘', 조를 '울' 로 나타냈다고 합니다.

두 번째
수업 정리

① 커다란 수의 세계

숫자	거듭제곱	이름	용어
10	10^1	십	데카
100	10^2	백	헥토
1,000	10^3	천	킬로
1,000,000	10^6	백만 백만불의 사나이	메가 메가 사나이
1,000,000,000	10^9	십억	기가 기가 막히게 큰 수
1,000,000,000,000	10^{12}	조	테라
1,000,000,000,000,000	10^{15}	천조	페타

지수의 확장 1
–정수 지수

정수 지수와 그 법칙에 대해 알아봅니다.

1. 정수 지수에 대해 알아봅니다.
2. 정수 지수에 대한 법칙들을 알아봅니다.

미리 알면 좋아요

1. 정수 음陰의 정수…, −3, −2, −1, 0, 양陽의 정수1, 2, 3, …를 합한 것. 즉 자연수 전체에 그 역원과 0을 합한 것입니다.

2. 번분수 분수의 분자·분모 중 적어도 하나가 분수인 복잡한 분수.

3. 분배법칙 임의의 세 원소에 대하여 두 개의 연산을 분배한 값이 성립하는 법칙. 예를 들어, $a \times (b+c) = (a \times b) + (a \times c)$는 분배법칙을 만족합니다.

슈티펠의
세 번째 수업

지금까지는 밑마우스가 자연수를 들고 다니면서 밑 위에 올라가서 조그만 지수를 표현했습니다. 가령 3^2으로 표현하면 3은 '밑'이라고 부르고 조그만 2는 '지수'라고 했습니다. 그 지수 부분을 이제부터 정수의 범위까지 확장하여 나타내 보이겠습니다.

자연수와 정수의 차이를 먼저 알고 가야 이해를 더 잘 할 수 있을 것입니다.

자연수는 1, 2, 3, 4, …로 나가는 수들입니다. 정수는 자연수에 0을 포함시키고, 또 −1, −2, −3, −4, …도 추가됩니다.
자연수를 양의 정수라고 하고 −1, −2, −3, −4, …는 음의 정
수라고 합니다.

이런 정수들을 작게 만들어 지수로 사용하겠습니다. 밑마우스
가 갓 만들어 낸 영 미니어처를 들고 다니네요. 정수를 미니어처
로 만드니 정말 귀엽습니다.

지수가 정수일 때의 지수법칙은 어떠할까요?

0 또는 음의 정수인 지수가 성립하려면 다음과 같은 정의가 필요합니다.

문자로 나타나 있으면 우리가 이해하는 데 약간은 힘이 들지요? 그래서 숫자들을 등장시켜 만들어 보겠습니다.

$2^0 = 1, \ 2^{-1} = \frac{1}{2}$

밑마우스가 정수 지수를 들고 다니며 표현을 해 주었습니다. 하지만 시키는 대로만 한 밑마우스도 이해를 하지는 못한 것 같군요.

이건 법칙으로 그냥 암기하라고 하려고 했지만 밑마우스의 표정을 보니 설명을 좀 더 해야겠습니다.

$$a배 \left\{ \begin{array}{l} a^3 = a \times a \times a \\ a^2 = a \times a \\ a^1 = a \\ a^0 = 1 \\ a^{-1} = \dfrac{1}{a} \end{array} \right. \dfrac{1}{a}배$$

위의 표에서 $a \neq 0$일 때, 즉 밑이 0이 되면 안 된다는 소리입니다. 거듭제곱 a^n을 a배할 때마다 지수 n의 값은 1씩 증가하고, $\dfrac{1}{a}$배할 때마다 지수 n의 값은 1씩 감소합니다.

따라서 a^0은 $a = a^1$의 $\dfrac{1}{a}$배인 수로 생각하면 다음과 같이 정할 수 있습니다.

$$a^0 = a \times \frac{1}{a} = 1$$

같은 방법으로 생각을 해 봅시다.

$$a^{-1} = a^0 \times \frac{1}{a} = 1 \times \frac{1}{a} = \frac{1}{a}$$
$$a^{-2} = a^{-1} \times \frac{1}{a} = \frac{1}{a} \times \frac{1}{a} = \frac{1 \times 1}{a \times a} = \frac{1}{a^2}$$

슈티펠이 들려주는 지수 이야기

그래서 앞의 법칙들이 나왔습니다.

중학교 과정까진
$a^{-n} = \dfrac{1}{a^n}$ 로
고쳐야 합니다.

$a^{-1} = \dfrac{1}{a}$
$a^{-2} = \dfrac{1}{a^2}$ 이
되는 겁니다.

도망가자!

바보!
난 채식주의자야.

밑마우스가 이해가 될똥 말똥하다고 합니다. 어쩐지 똥 냄새가
나는 듯합니다.

밑마우스, 이해가 안 되면 이런 방법도 있습니다.

$a \neq 0$일 때, 지수법칙 $a^m \times a^n = a^{m+n}$ 에서 $m=0$인 경우로 생
각해 봅시다. 밑마우스, 지수 m 자리에 m을 떼어 내고 0을 붙
이세요.

$$a^0 \times a^n = a^{0+n} = a^0$$

이때 가운데 a^{0+n}은 잠시 휴식을 취하게 하고 $a^0 \times a^n = a^n$을 이용하여 나타내면, 좌변에 a^0만 남기고 a^n이 우변의 a^n을 나누는 모양을 취합니다.

$$a^0 \times a^n = a^n, \quad a^0 = \frac{a^n}{a^n} \quad \Longleftarrow \text{분모와 분자가 똑같으면 약분이 됩니다.}$$
$$a^0 = 1$$

그 다음 $a^{-n} = \dfrac{1}{a^n}$을 알아보겠습니다.

지수 m을 $-n$으로 바꾸겠습니다. 밑마우스, 수고해 주세요.

$$a^m \times a^n = a^{m+n}, \quad a^{-n} \times a^n = a^{-n+n} = a^0 = 1$$

식의 가운데에 있는 $a^{-n+n} = a^0$은 잠시 휴식을 취하고 $a^{-n} \times a^n = 1$만 가지고 승부를 걸어 봅시다.

좌변에 a^{-n}만 남기고 a^n을 우변으로 넘겨 나누어 버립니다. 과감하게 옮기세요.

$$a^{-n} = \frac{1}{a^n}$$

슈티펠이 들려주는 지수 이야기

정말 신비하죠? 이러한 지수의 확장은 언제 필요한 것일까요? 다음의 경우를 보며 생각의 폭을 넓혀 봅시다.

1340을 십진법의 전개식으로 나타내면 다음과 같습니다.

$$1340 = 1 \times 1000 + 3 \times 100 + 4 \times 10$$

표현을 좀 세련되게 해 봅시다. 밑마우스, 도와주세요.

$$1340 = 1 \times 10^3 + 3 \times 10^2 + 4 \times 10$$

밑마우스가 도와주니 아주 세련된 모습이 되었습니다.

그럼, 이제 1324. 57을 위와 같은 꼴로 나타내 보겠습니다.

$$1324.57 = 1 \times 1000 + 3 \times 100 + 2 \times 10 + 4 \times 1 + 5 \times \frac{1}{10} + 7 \times \frac{1}{100}$$

좀 더 세련되게 만들어 봅시다. 밑마우스, 지수가 정수로 표현될 수 있다는 것을 알고 있지요? 지수가 정수로 나온다고 당황하지 마세요.

$$1324.57 = 1 \times 10^3 + 3 \times 10^2 + 2 \times 10 + 4 \times 1 + 5 \times 10^{-1} + 7 \times 10^{-2}$$

밑마우스, 수고했어요. 밑마우스의 표정이 아주 거만해졌네요. 내가 '야옹' 하고 소리 지르니까 밑마우스가 움찔합니다. 고양이 소리에 움찔하는 것을 보니 근본은 속일 수 없나 봅니다.

여기서 한 가지 짚고 넘어가야 할 것이 있습니다.

$$10^{-2} = \frac{1}{10^2} = \frac{1}{100}$$

음의 정수를 지수로 사용하는 것은 어떤 경우인지 짐작하겠지요? 연습 원 모어 타임~.

$\frac{1}{1000}$ 을 나타내 보겠습니다.

$\frac{1}{10^3}$ 로 먼저 고쳐집니다.

그 다음으로 10^{-3} 입니다.

알겠지요? 이런 표현을 위해 지수의 범위를 정수까지 확장한 것입니다. 다 이유가 있는 것이지요.

지수가 음수인 경우의 뜻을 이해하는 시간을 갖겠습니다. 간단한 계산을 통하여 그 의미를 알아보도록 합시다.

슈티펠이 들려주는 지수 이야기

$$(-1)^{-2}$$

−1이 눈에 거슬리지만 신경을 잠시 끄고 분수의 꼴로 만들어 봅시다. 천 리 길도 한 걸음부터입니다.

$$(-1)^{-2} = \frac{1}{(-1)^2}$$

분수 꼴로 고치니 밑마우스가 지수를 −2에서 2로 바꿉니다. 앞에서 배운 대로 하고 있는 겁니다.

이제 $\frac{1}{(-1)^2}$을 요리하겠습니다. 분모의 $(-1)^2$을 먼저 계산해 봅시다.

$$(-1)^2 = (-1) \times (-1) = +1$$

$(-) \times (-)$는 $(+)$가 되는 성질이 있습니다. 모르는 사람은 외워 두세요.

$$\frac{1}{(-1)^2} = \frac{1}{1} = 1$$

"와아, 어떻게 $(-1)^{-2}$이 1이 될까요?"

유사품 몇 가지를 더 봅시다.

$$(-5)^{-2} = \frac{1}{(-5)^2} = \frac{1}{25}$$

$$\left(-\frac{1}{2}\right)^{-4} = \frac{1}{\left(-\frac{1}{2}\right)^4} = \frac{1}{\frac{1}{16}} = 16$$

마치 애벌레가 나비로 변신하는 장면 같습니다. 중간 중간 엄청난 진통이 따릅니다.

$$\left(-\frac{1}{2}\right)^4 = \left(-\frac{1}{2}\right) \times \left(-\frac{1}{2}\right) \times \left(-\frac{1}{2}\right) \times \left(-\frac{1}{2}\right)$$

중간 중간 지수법칙이 숨바꼭질하듯이 숨어 있습니다. 못 찾으면 수학의 술래가 될 수 있으니 반드시 찾아 계산해야 합니다.

$(-)$가 짝수 개 있으니 부호를 곱한 결과는 $(+)$가 됩니다.

$$+\frac{1 \times 1 \times 1 \times 1}{2 \times 2 \times 2 \times 2} = +\frac{1}{16}$$

여기까지 무사히 고통을 참았습니다. 하지만 그 다음 장면에서

슈티펠이 들려주는 지수 이야기

울분을 터뜨리고 맙니다.

$$\frac{1}{\frac{1}{16}} = 16$$

바로 이것이 문제의 울분을 터뜨리게 한 장면입니다.

이게 바로 분수의 꺽다리 킬러, 번분수입니다. 번분수란 분자나 분모에 분수가 오는 거인족 분수입니다. 이들의 특징은 뒤집기 기술을 가졌다는 것입니다. 한마디로 뒤집어엎어 버리는 난폭한 족속입니다.

그의 난폭한 장면을 보세요. 단, 노약자나 어린이는 보는 것을 삼가 주세요.

분수 꼴로
고쳐서

바깥쪽을
곱해서

$$\cfrac{1}{\cfrac{1}{16}} = \cfrac{\cfrac{1}{1}}{\cfrac{1}{16}} = \frac{1 \times 16}{1 \times 1} = \frac{16}{1} = 16$$

안쪽을
곱해서

다르게 엎는 방법 분자가 1일 때만 쓰는 방법

$$\frac{1}{분수} = 역수$$

번분수가 갈아엎는 난폭한 장면을 봤지요? 생각하기도 끔찍하지만 대비를 하기 위해 정리해 봅시다. 알아야 당하지 않습니다. 번분수 모양에서 안쪽끼리 곱해서 분모를 만들고, 바깥쪽끼리 곱해서 분자를 만들었습니다. 반드시 알아두어 당하지 않도록 합시다.

자, 이제 배운 것을 이용해 봅시다.

$$\left(\frac{1}{3}\right)^{-3} = \frac{1}{\left(\frac{1}{3}\right)^3} = \frac{1}{\frac{1}{27}} = 27$$

슈티펠이 들려주는 지수 이야기

밑마우스, 더 이상 설명하지 마세요. 이것에 대한 면역은 학생들이 스스로 기르도록 해야 합니다.

생각이란 한 쪽 방향으로만 흐르면 발전이 없습니다. 반대 과정의 사고를 하도록 하여야 합니다. 말보다 먼저 보여 주도록 하겠습니다.

$$\frac{1}{32} = \frac{1}{2^5} = 2^{-5}$$

이 과정이 머릿속에서 정리가 되나요? 이제까지 배워온 것을 반대로 한 것입니다.
자, 하나 더 봅시다.

$$\frac{1}{125} = \frac{1}{5^3} = 5^{-3}$$

분수를 음의 지수 꼴로 만들어 내는 절묘한 장면입니다. 서서히 테크닉이 생겨나지요?
그럼, 이건 어떻습니까?

0.125

앗, 이건 초등학교 문제에서 익히 봐 온 친숙한 소수입니다. 이 소수를 분수로 고치면 $\frac{1}{8}$이 됩니다. 간혹 외워서 기억하고 있는 초등학생들도 있습니다. 기특한 친구들이지요.

여러분도 외우세요. 0.125는 $\frac{1}{8}$이 됩니다. 즉 $\frac{125}{1000}$를 약분하면 $\frac{1}{8}$이 되는 셈이지요.

$\frac{1}{8}$을 다시 변신시키겠습니다. 분모 8에 집중하세요. 8은 2^3이 됩니다. 확인 들어갑니다.

$$2^3 = 2 \times 2 \times 2 = 8$$

이제 정리 들어갑니다.

$$\frac{1}{8} = \frac{1}{2^3} = 2^{-3}$$

결국 우리가 해냈습니다. 밑마우스, 자랑스럽게 지수 −3을 들고 있어요. 기념촬영을 합시다.

기쁨도 잠시, 다시 지수 여행을 떠납시다. 수업이 진행되는 동안 우리는 끊임없이 지수의 길을 갈 것입니다.

중요 포인트

$$m < n \text{일 때, } a^m \div a^n = \frac{1}{a^{n-m}} = a^{-(n-m)} = a^{m-n}$$

우리의 앞길을 가로막는 식은 무시하고 내 갈 길만을 가려고 했지만 문자 위에 있는 지수가 눈이 밟혀 차마 그냥 갈 수가 없네요.

$$m < n \text{일 때, } a^m \div a^n = \frac{1}{a^{n-m}}$$

여기까지는 앞에서 봐 왔습니다. 물론 기억이 안 나겠지요? 하지만 앞 페이지를 다시 보면 나와 있습니다.

$$\frac{1}{a^{n-m}} = a^{-(n-m)}$$

이 부분도 잘 생각해 보세요. 분수 꼴을 나타낼 때는 지수를 음수로 만들면 된다는 것을 3분 전에 컵라면 먹으면서 읽었지요? 단지 $n-m$이라고 길게 쓰여 있어서 마음속에 거부 반응이 생겼을 뿐입니다. 크게 생각해 보면 같은 내용입니다. 2가 -2로 바뀐 것이나, $n-m$이 $-(n-m)$으로 바뀐 것이나 똑같습니다. 자, 그 다음을 집중해 봅시다.

$$a^{-(n-m)} = a^{m-n}$$

슈티펠이 들려주는 지수 이야기

바로 이 부분입니다. 생각하는 힘을 10% 더 올려 생각해 보세요.

$-(n-m)$에서 괄호 밖의 음수가 괄호 안으로 비집고 들어가면서 분배법칙이 적용됩니다. 그 결과 $-n+m$이 되지요. 식 앞에 $(-)$가 붙는 것에 대해 우리는 민감한 거부 반응을 보이지요. 그래서 $-n+m$을 자리를 바꾸어 $m-n$으로 만듭니다. 그래서 a^{m-n}이 된 것입니다. 최종 정리합니다.

$m<n$일 때, $a^m \div a^n$이 그냥 a^{m-n}이 된다는 소리입니다.

"아무것도 아니었잖아요."

그러나 당연한 듯한 곳에도 뭔가가 있습니다. 확인시켜 주겠습니다.

$2^2 \div 2^5$을 계산해 봅시다.

우리가 생각하기 전에는 이 문제를 공식에 대입해서 $\dfrac{1}{2^{5-2}}$로 만들어 풀어야 했습니다. 하지만 지수를 음의 정수까지 확장시키면 이런 번거로운 과정을 생략하고 2^{2-5}으로 계산하여 2^{-3}으로 구할 수 있습니다. 지수를 정수 범위로 확장하기 전까지는 꿈도 꾸기 힘든 장면이지요. 비교해 보겠습니다.

• 정수 지수를 배우기 전 방법

$$2^2 \div 2^5 = \frac{1}{2^{5-2}} = \frac{1}{2^3}$$

• 정수 지수를 알고 자신감이 넘치는 방법

$$2^2 \div 2^5 = 2^{2-5} = 2^{-3}$$

지수를 정수의 범위로 확장하니까 계산 과정이 훨씬 쉬워지지
요? 수학도 학년이 올라갈수록 진화됩니다. 수준과 경험치가 높
아지는 것이지요.

1 0이 아닌 실수 a와 양의 정수 n에 대하여

$$a^0 = 1, \ a^{-n} = \frac{1}{a^n}$$

2 $m < n$일 때,

$$a^m \div a^n = \frac{1}{a^{n-m}} = a^{-(n-m)} = a^{m-n}$$

거듭제곱근

거듭제곱근이 나온 배경과 그 성질에 대해 알아봅니다.

1. 거듭제곱근이란 왜 나온 것인지 알아봅니다.
2. 거듭제곱근에 대한 성질을 알아봅니다.

미리 알면 좋아요

1. 제곱근 어떤 수 x를 제곱하여 a가 되었을 때, x를 a의 제곱근이라고 합니다. 실수 a와 자연수 n에 대하여 $x^n = a$를 만족시키는 x가 존재할 때, 이것을 a의 n제곱근이라 하고, 특히 $n = 2$일 경우를 제곱근이라고 합니다.

2. 루트 제곱근을 루트라고 합니다.

비가 오고 있습니다. 이 비는 언제 그칠까요? 하늘에 구멍이 난 것 같습니다. 당분간은 안에서 수업을 해야겠습니다. 이곳에서 수업을 하게 됐으니 주변을 한 번 둘러봅시다.

이곳은 5평 정도의 공간입니다. 앗, 자세히 보니 제곱근입니다. 제곱근이란 어떤 수 x를 제곱하여 a가 될 때, 즉 $x^2=a$일 때, 'x를 a의 제곱근'이라고 합니다. 제곱근은 $\sqrt{}$를 사용하여 나타냅니다.

우리가 있는 곳이 바로 $\sqrt{}$ 안입니다. 비를 피하기 딱 좋은 장소입니다. 우리가 비를 피하게 해 준 고마운 $\sqrt{}$에 대해 알아보겠습니다.

그가 나오게 된 배경부터 알아보도록 하겠습니다. 다음 그림을 봅시다.

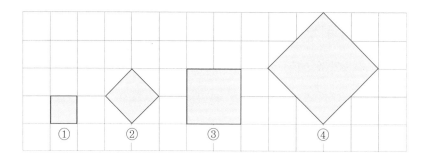

그림을 보면 4개의 정사각형이 있습니다. ①번 그림을 먼저 보면 가로가 1이고 세로가 1입니다. 그래서 가로 곱하기 세로를 하면 $1 \times 1 = 1$입니다. 넓이가 1이 되지요

이것을 '한 변의 길이가 x인 정사각형의 넓이는 x^2이다' 라는 것에 맞추어 계산해 보겠습니다. 밑마우스가 x 위에서 2라는 지수를 들고 있네요.

①번 그림을 식에 맞게 대입하여 나타내면 $x^2 = 1$넓이입니다. 따라서 x는 1이 됩니다. 음수가 나오는 경우는 일단 저쪽으로 제쳐 두겠습니다. 저기 구석에 말입니다.

②번 그림도 풀어 보겠습니다. $x^2 = 2$넓이입니다. 모눈종이의 개수를 세어 보면 2칸으로, 넓이는 2가 됩니다. 여기서 긴장을 좀 하세요. 두 개의 같은 수를 곱해서 2가 되는 수가 있는지 찾아봅시다.

"0.5? $\dfrac{1}{2}$인가? 제곱해서 2가 되는 수는 정수와 자연수, 아니 유리수 범위에서도 찾을 수가 없어요."

그럼 여기서 x의 값은 구할 수 없을까요? 유리수 범위에서 찾을 수 없다고 포기해서는 안 됩니다. 반드시 구해 내겠다는 각오를 가지고 떠납시다. 어디로? 그렇습니다. 무리수의 나라에는 반

드시 $x^2=2$가 되는 x가 있을 겁니다. 자, 다 같이 떠납시다.

무리수의 나라에 왔습니다. 저기 뛰어놀고 있는 π파이를 보니 제대로 찾아온 것 같습니다. 마침 저기 무리수 나라의 지도자가 지나가네요.

지도자여, $x^2=2$가 되는 x를 깨우쳐 주십시오.

"돌아가서 자신의 주변을 둘러보세요. 진리는 먼 곳에 있지 않습니다."

돌아와서 주변을 둘러봐도 비를 피하는 이곳밖에 보이지 않습니다. 밖을 쳐다보니 비로 인해 주변은 온통 빗금만 쳐져 있으니까요.

"저희에게 보이는 곳이라고는 이곳밖에 없어요."

우리가 비를 피하기 위해 있는 이곳이 바로 $x^2=2$의 x를 구하게 할 열쇠입니다. 제곱근을 이용하면 우리가 구하고자 하는 x를 구할 수 있습니다. 나 슈티펠이 보여 주겠습니다.

$x^2=2,\ x=\pm\sqrt{2}$

이것으로 끝이 났습니다. 잘 살펴보면 x의 제곱이 사라지면서 $\pm$가 등장하고 $\sqrt{}$가 나타났습니다. 그래서 x의 값은 $+\sqrt{2}$와 $-\sqrt{2}$가 됩니다. 여기서 한 가지 더 식을 계산하면 답은 2개로 나오지만 도형의 길이로서는 $+\sqrt{2}$만 답이 됩니다. 도형에서 변의 길이는 음수가 될 수 없으니까요. 머리가 좀 아프네요. 하지만 중요한 것은 $x^2=2$, $x=\pm\sqrt{2}$라는 것이므로 이것은 반드시 기억해 두세요. 이 방법을 이용하여 ④번 그림의 한 변의 길이를 구해 보도록 하겠습니다.

$x^2=8$ ⬅ 모눈종이의 크기를 세어 봅니다.

$x=\pm\sqrt{8}$

기억하나요? 밑마우스가 들고 있는 지수 2를 없앰과 동시에 $\pm$가 생기고 그와 동시에 $\sqrt{}$가 8에 씌워집니다.

다시 생각을 정리해 보면 ④번 그림의 한 변의 길이는 $\sqrt{8}$이라는 소리지요. 그렇습니다. ④번 정사각형 한 변의 길이는 $\sqrt{8}$입니다. 이것을 한 번 읽어 볼까요?

"루트 팔입니다."

그 소리는 어디서 들었나요?

"중학교에 다니는 누나가 말해 주었어요."

맞습니다. 제곱근 8을 루트 8이라고도 합니다. 미리 예습하는 자세가 아주 좋네요.

문제를 풀기 전에 제곱근에 대해 정리를 해 봅시다.

제곱근이라는 이름을 달면 $\sqrt{}$ 기호를 쓸 수 있습니다. 영어로는 square root이지요. 그 어원이 정사각형에서 유래됨을 짐작할 수 있습니다.

어떤 수 x를 제곱하여 a가 될 때, 즉 $x^2=a$일 때, 'x를 a의 제곱근'이라 합니다. 제곱근은 $\sqrt{}$를 사용하여 표기합니다.

양수의 제곱근은 2개가 있습니다. 그들의 절댓값은 같고 부호만 다릅니다.

$$\text{양수 } a \text{의 제곱근} \begin{cases} -\sqrt{a}\text{음의 제곱근} \\ \sqrt{a}\text{양의 제곱근} \end{cases} \Leftrightarrow \pm\sqrt{a}$$

여기서 잠깐, $\pm$가 나오는 이유를 말해 주겠습니다.

(양수)×(양수)=(양수), (음수)×(음수)=(양수)이므로 제곱해서 양수가 되는 수는 양수와 음수, 두 가지가 있습니다.

머리에서 밑마우스가 납니까? 쥐가 나냐는 말입니다. 쥐 나는 머리를 문제를 통해 식혀 봅시다.

64의 제곱근을 풀면서 뜨거워진 머리를 식히도록 하겠습니다. 더 열 받는다고요? 일단 도전해 보고 열을 받도록 합시다. 레츠 고~!

무엇의 제곱근이라는 말이 나오면 생각을 하지 마세요. 기계적으로 $x^2 = 64$라고 쓰고 시작합니다. 어느 정도는 외우고 있어야 응용을 할 수 있습니다. 우리가 알고 있는 것에서 출발하면 됩니다.

"$x^2 = 64$, $x = \pm\sqrt{64}$입니다."

그렇지요. 우리가 조금 전에 배운 것을 암기하고 있었네요. 대

견합니다. 자, 여기서 또 다른 기술이 들어갑니다.

$x = \pm\sqrt{64}$, $x = \pm\sqrt{8^2}$ 을 소인수분해를 통해 거듭제곱 꼴로 나타내면 8이라는 밑 위에 밑마우스가 2라는 지수를 들고 올라가게 됩니다. 오락을 할 때 보면 상대가 무기를 발사했을 때 우리도 무기를 발사해서 둘 다 사라지게 하는 공격법이 있지요? 수학에도 그런 기술들이 있습니다. 초등학교 때는 약분이라는 기술이 그 대표적인 것이고, 이 제곱근이라는 곳에서도 그런 기술이 있습니다.

제곱근을 날려 버리는 무시무시한 기술, 그 기술의 장면을 보겠습니다.

$$x = \pm\sqrt{8^2},\ x = \pm 8$$

보았나요? 눈 깜짝할 사이에 $\sqrt{\ }$ 가 사라졌습니다. 밑마우스가 들고 있던 지수 2를 $\sqrt{\ }$ 를 향해 던졌고, 그 결과 $\sqrt{\ }$ 와 지수 2가 굉장한 폭발음을 내면서 사라졌습니다. 앞으로 이런 모든 경우에 이렇게 사라지게 할 수 있습니다.

그 폭탄을 한 번 같이 사용할까요? 81의 제곱근을 구해 봅시다.

일단 시작은 이렇습니다.

$$x^2 = 81, \ x = \pm\sqrt{81}$$

자, $\sqrt{}$ 안의 81을 요리해 봅시다. 어떻게 요리를 할까요? 그렇지요. 소인수분해를 이용해 요리를 해 봅시다. 요리 냄새가 나지요? 9^2입니다. '구구 팔십일' 맞잖아요. 의심은 금물입니다. 요리된 것을 일단 다시 $\sqrt{}$ 안으로 돌려보냅니다.

$$x = \pm\sqrt{9^2}$$

드디어 무기를 사용할 순간이 다가왔습니다. 밑마우스가 지수 2 폭탄을 들고 벌써부터 밑 9 위에 올라가 있습니다. 하나, 둘, 셋! 밑마우스가 지수 2를 $\sqrt{}$ 를 향해 던졌습니다. 땅이 흔들리지요? 책을 꽉 잡으세요. 잠시만 참으면 끝납니다. 답이 나왔습니다.

$$x = \pm 9$$

이렇게 하면 제곱근의 값을 구할 수 있겠지요?

그럼, 이거 한 번 해 보세요.

0.01의 제곱근입니다. 머리가 약간 분주해지지요? 일단 추억의 초등수학으로 돌아가서 0.01을 분수로 고쳐 보세요.

$$0.01 = \frac{1}{100}$$

밑마우스, 준비하세요. 아, 아니 아니 좀 기다리세요.

$$x^2 = \frac{1}{100} \quad \Leftarrow \text{배운 대로 두고 다음으로 넘어갑니다.}$$
$$x = \pm\sqrt{\frac{1}{100}}$$

이제 준비해요, 밑마우스! 분자와 분모에 각각 들어갑니다.

분자 들어갑니다. 1을 1^2으로 바꾸세요. 1은 몇 제곱을 하나 1이 됩니다. $1 \times 1 \times 1$은 언제나 1입니다.

그 다음은 분모로 뛰어 들어갑니다. 100은 10^2으로 고칠 수 있습니다. 지수 2가 나왔습니다. 분자와 분모에 공통으로 지수 2가 생긴 겁니다. 밑마우스의 동작이 아주 잽싸네요.

$$\pm\sqrt{\frac{1^2}{10^2}} = \pm\sqrt{\left(\frac{1}{10}\right)^2}$$

밑마우스, 아래, 위의 지수가 똑같으니 지수 2를 바깥으로 꺼내고 괄호( )라는 포대기로 분자와 분모를 감싼 후, 괄호 밖에 지수 2를 붙여 놓으세요. 잘했습니다. 나의 칭찬에 힘을 받은 밑마우스가 지수 2를 집어 들어 $\sqrt{}$를 향해 던져 함께 폭파시키려고 합니다.

하나, 둘, 셋, 던졌습니다.

$\sqrt{}$와 지수 2가 동시에 폭파되어 다음만 남아 있습니다.

$$x = \pm\frac{1}{10}$$

그들만 파괴되고 나머지는 안전합니다. 그럼 수의 제곱근을 구할 때마다 이런 과격한 파괴 행위가 반드시 있는 걸까요? 아닌 경우도 있습니다. 그냥 남아 있는 경우에 대해 살펴보겠습니다.

5의 제곱근을 구해 보겠습니다. 일단 방법은 동일합니다.

$$x^2 = 5, \ x = \pm\sqrt{5}$$

끝입니다. 지수를 던져 $\sqrt{}$ 를 폭파시키는 무서운 동작은 없습니다. 왜 일까요? 5는 어떤 수의 제곱수가 아니기 때문입니다. 그런 수는 그대로 $\sqrt{}$ 안에 얌전히 있으면 계산이 끝난 것입니다.

이제 이런 제곱근의 성질에 대해 조금 알아보겠습니다.

중요 포인트

제곱근의 성질

$a > 0$일 때,

- $(\sqrt{a})^2 = a, \ (-\sqrt{a})^2 = a$
- $\sqrt{a^2} = a, \ \sqrt{(-a)^2} = a$

슈티펠이 들려주는 지수 이야기

지수 2 폭탄을 던져 $\sqrt{}$ 를 없애는 난폭한 장면들입니다. 문자로만 나타내니까 맛이 안 나나요? 그럼 숫자를 이용하여 맛있는 장면을 보여 주겠습니다. 다음 문제들을 성심 성의껏 풀어보도록 합시다.

문제

$\sqrt{6^2}$ 의 값을 구하시오.

별거 아니지요? 밑마우스가 벌써 지수 2를 던졌습니다. $\sqrt{}$ 와 2가 동시에 파괴되고 답으로 6이 나왔습니다. 6에는 상처 하나 없습니다. 정말 신기하지요.

문제

$\sqrt{(-11)^2}$ 의 값을 구하시오.

이번에도 밑마우스가 지수 2를 던지려고 하다가 잠시 멈칫합니다. 11 앞에 (−)가 있어서 그런가 봅니다. 밑마우스, 무시하고 던져 버려요. 상관없어요. 왜냐하면 지수 2는 짝수이므로 (−) 기호까지도 뭉갤 수 있습니다.

하나, 둘, 셋, '펑'

다 터지고 11만 남았습니다. 의아해 하는 학생들이 있는 것 같군요. 폭파되는 장면을 느린 화면으로 촬영한 것을 보여 주겠습니다. 보면 이해가 될 것입니다.

$$\sqrt{(-11)^2}=\sqrt{(-11)\times(-11)}=\sqrt{11^2}=11$$

마이너스는 $(-)\times(-)=(+)$가 되는 성질에 의해 자체적으로 폭파되어 버리기 때문에 무시하고 지수 폭탄을 던져 버리면 됩니다.

약간 예외적인 부분이 있습니다. 그런 문제를 풀어 보겠습니다.

문제

$-\sqrt{0.7^2}$의 값을 구하시오.

밑마우스가 잽싸게 0.7이라는 밑을 타고 올라가서 위에 있는 지수 2를 잡아 던집니다.

슈티펠이 들려주는 지수 이야기

'콰앙' 뿌연 화약 연기가 걷히자 생존자의 모습이 나타납니다.

$$-0.7$$

앗, 마이너스는 그대로입니다. 왜 일까요? 조금 전 경우에서는 마이너스가 사라졌는데 이번에는 왜 사라지지 않은 걸까요? 그 이유는 마이너스가 $\sqrt{}$ 라는 근호 밖에 있었기 때문입니다. 근호 밖에 있는 마이너스에는 영향을 끼치지 못합니다.

자, 마지막 경우만 다루고 이번 수업을 마칠까 합니다.

$-\sqrt{\left(-\dfrac{3}{4}\right)^2}$ 의 값을 구하시오.

마치 에이리언 같은 모습입니다. 밑마우스가 무서움에 약간은 움찔한 것 같네요. 우리 학생들을 위해서 두려움을 물리쳐요.

드디어 밑마우스가 분수를 타고 올라가 지수 2를 움켜쥐었습니다. 두 눈 딱 감고 $\sqrt{}$ 를 향해 지수 2를 힘껏 던졌습니다. 하얀 화약 연기가 걷히고 에이리언 괴물에 갇혔던 생존자의 모습이 나타납니다.

$$-\dfrac{3}{4}$$

다시 살아온 $-\dfrac{3}{4}$ 은 유리수라는 부모의 품에 안깁니다. 모두들 감격의 눈물을 흘립니다.

자, 여러분도 부모님께 돌아가서 잠시 쉬세요. 다음 수업에서 만나요.

수업 정리

❶ 양수 a의 제곱근

$\begin{cases} -\sqrt{a} \text{ 음의 제곱근} \\ \sqrt{a} \text{ 양의 제곱근} \end{cases} \Leftrightarrow \pm\sqrt{a}$

❷ 제곱근의 성질

$a>0$일 때,

• $(\sqrt{a})^2=a,\ (-\sqrt{a})^2=a$

• $\sqrt{a^2}=a,\ \sqrt{(-a)^2}=a$

5교시

또 다른
거듭제곱근

거듭제곱근의 계산 방법을 배워 봅니다.

다섯 번째 학습 목표

1. 거듭제곱근의 계산 방법에 대해 배워 봅니다.

미리 알면 좋아요

1. 데카르트 프랑스의 철학자 · 수학자 · 물리학자. 근대철학의 아버지로 불립니다. "나는 생각한다, 고로 나는 존재한다"라는 유명한 말을 남겼습니다.

슈티펠의
다섯 번째 수업

오늘은 또 다른 거듭제곱근을 살펴볼 겁니다.

"거듭제곱 기호는 누가 만든 거예요?"

거듭제곱을 배운 지 한참이 되었는데 이제야 질문을 하는군요.

보기와 달리 반응이 느립니다.

제곱근의 기호 $\sqrt{}$ 는 루돌프가 최초로 나타냈습니다.

밑마우스가 화들짝 놀랍니다.

놀라는 것을 보니 매우 반짝이는 코를 가진 루돌프, 만일 내가 봤다면 불 붙는다고 했을 그 루돌프를 생각했나 보군요. 루돌프 사슴? 아닙니다. 독일의 수학자 루돌프입니다.

$\sqrt{}$는 근을 뜻하는 root 또는 radical의 첫 글자 r에서 따온 것입니다. r과 $\sqrt{}$를 자세히 보니 많이 닮았지요?

제곱근의 기호 $\sqrt{}$는 루돌프가 최초로 나타냈습니다.

저는 아니에요. 그럼, 착하고 공부 열심히 하는 어린이에게 선물을 배달하러 전 이만~.

$\sqrt{}$는 근을 뜻하는 root루트 또는 radical레디컬의 첫 글자 r에서 따온 것입니다.

r과 $\sqrt{}$는 무척이나 닮았지요?

거듭제곱의 기호는 데카르트도 쓰기 시작했는데 처음에는 x, xx, x^3, x^4, …과 같이 썼습니다. x^2은 한참 후에야 xx를 대신하여 쓰이게 되었습니다. 그 이유는 데카르트 마음이지요.

슈티펠이 들려주는 지수 이야기

사실 고백할 것이 하나 있습니다. 우리가 앞 수업에서 배운 $\sqrt{}$ 기호 있지요? 사실 $\sqrt{}$에서 생략하고 적지 않은 것이 있습니다.

2는 2^1과 같습니다. 하지만 보통은 2에서 지수 1은 생략하고 2로만 나타냅니다. 그처럼 $\sqrt{}$도 원래는 $\sqrt[2]{}$입니다. 하지만 보통 $\sqrt{}$ 앞에 2는 생략할 수 있습니다. 생략했다고 해서 2가 없는 것은 아닙니다. 즉 나중에 계산을 할 때 2의 기능을 발휘한다는 소리입니다. 다음 식을 다시 눈여겨봅시다.

$$x^2 = 3$$

3이라는 수는 어떤 똑같은 수를 제곱하여 나오는 완전제곱수가 아니므로 $\sqrt{}$를 이용해야 풀 수 있습니다.

$$x = \pm\sqrt[2]{3}$$

전에는 $\pm\sqrt{3}$이라고 했습니다. 둘 다 맞습니다. 보통은 $\pm\sqrt{3}$으로 나타냅니다. 하지만 $\pm\sqrt[2]{3}$이 원래의 모습이라는 것도 잊지는 마세요. $\sqrt{}$ 앞에 붙어 있는 조그마한 2는 x^2에서 지수 2가 넘어 왔다고 보면 됩니다.

여기까지 수학의 근육이 단련되었다면 다음은 수학의 체력단
련실로 가 보겠습니다. 가는 동안 수학의 근육을 스트레칭해 주
세요. 점점 더 강도가 높은 개념들이 등장할 것이니까요.

부피가 27m³인 근육질의 정육면체가 운동을 하고 있습니
다. 한 모서리의 길이를 xm라 할 때, 이런 몸을 만들려고
하면 한 모서리의 길이를 얼마로 해야 할까요?

직육면체의 부피는 (가로)×(세로)×(높이)이므로 모서리 x를
각각 3번 곱한 것입니다.

슈티펠이 들려주는 지수 이야기

$$x \times x \times x = x^3 = 27$$

$$3^3 = 27$$

여기서 3은 방정식 $x^3 = 27$의 근이므로 27의 세제곱근이라고 합니다. 근육맨 정육면체의 한 모서리의 길이는 3m입니다.

이와 같이 n제곱하여 a가 되는 수, 즉

$$x^n = a$$

를 만족하는 수 x를 a의 n제곱근이라고 합니다. 그리고 a의 제곱근, 세제곱근, 네제곱근, …을 통틀어 a의 거듭제곱근이라 합니다. 예를 들어 $5^4 = 625$이므로 5는 625의 네제곱근입니다.

다음 정리를 한 번 보고 두 번 보고 자꾸만 보세요.

이를테면 2를 제곱하면 4, 2를 세제곱하면 8이 되는데, 이때 2를 4의 제곱근, 2를 8의 세제곱근이라고 합니다.

밑마우스, 이제 나를 좀 도와주세요.

$x^2=10$, $x^3=10$, $x^4=10$, $\cdots$을 만족하는 x의 값을 차례로 10의 제곱근, 10의 세제곱근, 10의 네제곱근, $\cdots$ 이라 하며, 이들을 통틀어 10의 거듭제곱근이라고 합니다.

이런 거듭제곱근에는 어떤 성질이 있는지 알아보겠습니다.

중요 포인트

양수 a, b와 2 이상의 자연수 n에 대하여
$$({}^n\!\sqrt{a}\,{}^n\!\sqrt{b}\,)^n=({}^n\!\sqrt{a}\,)^n\,({}^n\!\sqrt{b}\,)^n=ab$$

이 장면을 분석해 보면, 괄호 밖의 지수 n이 괄호 안의 ${}^n\!\sqrt{a}$와

$\sqrt[n]{b}$에 잠입하여 두 군데 다 지수 n이라는 폭탄을 설치합니다. $(\sqrt[n]{a})^n$과 $(\sqrt[n]{b})^n$이 설치된 모습입니다. 이제 뒤로 물러나서 스위치를 누릅니다. '쾅' 하고 폭파된 후 폭파 안개가 걷히고 ab만 그 모습을 드러냅니다.

$$(\sqrt[n]{a}\,\sqrt[n]{b}\,)^n = (\sqrt[n]{a}\,)^n(\sqrt[n]{b}\,)^n = ab$$

마치 전쟁 영화의 한 장면 같습니다. 기억해 두세요.

여기서 좀 더 생각을 해 봅시다.

a, b가 양수라면 $ab > 0$, $\sqrt[n]{a}\,\sqrt[n]{b} > 0$이므로 $\sqrt[n]{a}\,\sqrt[n]{b}$ 는 ab의 양의 n제곱근입니다. 이 말뜻은 이해 못하더라도 이것만은 알아 두세요. 아니 외워 두세요.

$$\sqrt[n]{a}\,\sqrt[n]{b} = \sqrt[n]{ab}$$

이것은 반드시 외워야 합니다. 왜냐하면 이것을 알고 있어야 나중에 적들과 싸울 때 폭탄을 알고 쓸 수 있습니다. 외우는 데 약간 도움을 줄게요.

$\sqrt[n]{}$ 하나를 들어서 다른 $\sqrt[n]{}$ 위에 겹치게 놓습니다. 그리고 다른 쪽에 있는 a나 b를 비가 맞지 않게 겹쳐진 $\sqrt[n]{}$ 안으로 쏘옥 넣어 주면 됩니다. $\sqrt[n]{ab}$ 요렇게 말이지요.

이런 방법에도 규칙이 있어요. $\sqrt[n]{}$ 를 겹칠 때, 겹쳐져야 하니까 조그마한 n이 같아야 합니다. n이 다르면 겹칠 수가 없어요. 가령 $\sqrt[3]{}$ 와 $\sqrt[5]{}$ 는 겹쳐질 수 없다는 말입니다.

자, 여기까지 하고 일반적인 거듭제곱에 대하여 다음과 같은 성질을 쭈욱 알아봅시다.

슈티펠이 들려주는 지수 이야기

$a > 0$, $b > 0$이고 m, n이 양의 정수일 때,

① $\sqrt[n]{a}\,\sqrt[n]{b} = \sqrt[n]{ab}$

② $(\sqrt[n]{a})^m = \sqrt[n]{a^m}$

③ $\sqrt[m]{\sqrt[n]{a}} = \sqrt[mn]{a}$

④ $\dfrac{\sqrt[n]{a}}{\sqrt[n]{b}} = \sqrt[n]{\dfrac{a}{b}}$

①번은 앞에서 설명한 내용이고 ②번을 설명할게요. 어렵지 않습니다. 고등학교 교과서를 찾아보면 원리에 대해 자세히 나옵니다. 여기서는 그런 원리에 대해서는 다루지 않습니다. 슈티펠은 교과서적이지 않습니다. 슈티펠은 소중하니까요.

②번 설명 들어갑니다. 앞에서도 이야기했듯이 비를 피하기 위한 방편으로 $\sqrt{}$ 가 쓰이기도 했습니다. 그것을 이용해서 설명하겠습니다. 긴 설명 필요 없습니다.

②번의 좌변에 있는 $(\sqrt[n]{a})^m$에서 불쌍히 비를 맞고 있는 조그마한 수 m을 $\sqrt{}$ 안으로 들여보냅니다. 인정을 베푸세요. 그럼 ②번 식 $(\sqrt[n]{a})^m = \sqrt[n]{a^m}$이 성립합니다.

③번 식을 보겠습니다. 앞에서 다룬 내용 중, 겹쳐지려면 조그마한 n이 같아야 한다고 했지요? ③번 식은 조그마한 수가 달라

요. 그럼 어떻게 할까요? 분수의 통분을 생각해 보세요. 분모가 다를 때 어떻게 했지요?

"곱해서 같은 분모로 통일시켰어요."

그렇지요. 여기서도 그것을 적용해 줍니다.

$$\sqrt[m]{\sqrt[n]{a}} = \sqrt[mn]{a}$$

작은 m과 n을 곱해서 mn이라고 두고 $\sqrt{}$를 겹쳐서 나타냅니다. 여기서도 약간 크기가 다른 점이 있지요? 조금씩 잘라내서 맞춥니다. 그래서 $\sqrt[mn]{a}$로 나타냅니다.

④번은 ①번과 같습니다. 분수 형태입니다. $\frac{a}{b}$라는 분수를 담기 위해 집을 확장 공사한 것뿐입니다.

이제 설명이 끝났습니다.

앗, 저기 누군가 보이네요. 다가가 봅시다.

$(\sqrt[3]{2})^6$의 지수 6이 비를 맞고 떨고 있습니다. 밑마우스, 도와주세요. 밑마우스가 지수 6을 $\sqrt{}$ 안으로 넣어 주었습니다.

$$(\sqrt[3]{2})^6 = \sqrt[3]{2^6}$$

$\sqrt{}$ 안으로 들어온 지수 6이 어떻게 변해 가는지 먼발치에서 지켜봅시다.

$$\sqrt[3]{2^6} = \sqrt[3]{(2^2)^3}$$

상황이 바뀌었네요. 6은 2×3으로 만들 수 있으니까요.

앗, 저럴 수가! 지수 3이 폭탄이 되어 $\sqrt[3]{}$와 동시에 폭파되어 버립니다. 은혜를 원수로 갚은 경우입니다.

자, 이 상황을 정리해 봅시다.

$\sqrt[3]{m^3}=m$이 되는 것입니다. 앞에서 보면 $\sqrt{m^2}=m$인 것은 알고 있지요? 여기서 숨어 있는 2를 나타내어 보겠습니다.

$$\sqrt[2]{m^2}=m$$

$\sqrt{}$ 밖의 2와 $\sqrt{}$ 안의 2가 있어야 같이 사라진다는 것을 짐작할 수 있지요. 그럼, 여기서 생각의 폭을 더 넓혀 봅시다. 그러면 다음이 성립한다는 것을 알 수 있습니다.

$$\sqrt[5]{m^5}=m$$
$$\therefore \sqrt[n]{m^n}=m$$

은밀히 말하면 m이 양수냐 음수냐에 따라 약간의 차이는 있을 수 있습니다. 하지만 그렇게 깊이 들어가지 않고 여기서 멈추겠습니다. m이 양수일 때만 다루기로 합시다.

$\sqrt[3]{5}\sqrt[3]{25}$의 값을 구하시오.

이 문제를 거듭제곱의 성질을 이용하여 풀어 봅시다.

$\sqrt[3]{}$가 똑같으니 겹칠 수가 있습니다.

$$\sqrt[3]{5 \times 25}$$

겹쳐 놓고 안에서 서로 곱해서 싸울 수 있습니다. 이것을 우리는 내분이 일어났다고 합니다.

$$\sqrt[3]{5 \times 25} = \sqrt[3]{5 \times 5 \times 5} = \sqrt[3]{5^3}$$

아주 격하게 싸웠군요. 이것을 우리는 소인수분해를 통한 거듭제곱 꼴이라고 부릅니다.

자, 폭탄이 터질 순간입니다. 귀를 막으세요.

$$\sqrt[3]{5^3} = (쾅) = 5$$

전쟁은 무섭습니다. 전쟁에서 쓰는 기술로 협공 기술이 있습니다. 그런 장면을 한 번 보도록 합시다.

$$\sqrt{\sqrt[3]{64}}$$

어떻게 협공을 해 들어가는지 알아봅시다. 우선 생략된 2를 드러냅니다.

$$\sqrt[2]{\sqrt[3]{64}} = \sqrt[6]{64}$$

거듭제곱근 둘을 하나로 통합하였습니다. 바로 협공이지요. 그 다음 $\sqrt{\ }$ 안의 64를 소인수분해합니다. 내분을 일으키는 것입니다.

64는 2^6으로 표현됩니다. 밑마우스가 지수 6 폭탄을 들고 있습니다. 던질 곳을 보여 줄게요.

$$\sqrt[6]{2^6}$$

던져요! '쾅' 하고 2만 나옵니다.

슈티펠이 들려주는 지수 이야기

이제 마지막 문제만 물리치면 됩니다.

문제

$\dfrac{\sqrt[3]{625}}{\sqrt[3]{5}}$ 의 값을 구하시오.

싸우기 전에 탐색전을 펼쳐 봅시다. 분자와 분모가 $\sqrt[3]{}$ 로 같습니다. 그럼, 한 곳에 넣을 수가 있습니다.

$$\frac{\sqrt[3]{625}}{\sqrt[3]{5}} = \sqrt[3]{\frac{625}{5}} = \sqrt[3]{125} = \sqrt[3]{5^3} = 5$$

배운 기술을 다 써 보았습니다. 치진 몸과 마음을 이제는 좀 쉬도록 하세요. 밑마우스도 쉬고 다음 수업에서 보도록 합시다.

다섯 번째
수업 정리

① 거듭제곱근의 성질

$a>0$, $b>0$이고 m, n이 양의 정수일 때,

- $\sqrt[n]{a}\,\sqrt[n]{b} = \sqrt[n]{ab}$

- $(\sqrt[n]{a})^m = \sqrt[n]{a^m}$

- $\sqrt[m]{\sqrt[n]{a}} = \sqrt[mn]{a}$

- $\dfrac{\sqrt[n]{a}}{\sqrt[n]{b}} = \sqrt[n]{\dfrac{a}{b}}$

지수의 확장 2
-유리수 지수

지수가 유리수 범위로 확장된 것을 알아보고,
지수가 유리수일 때 계산하는 방법에 대해 공부합니다.

1. 지수가 유리수 범위로 확장된 것을 알아봅니다.
2. 지수가 유리수일 때 계산하는 방법에 대해 알아봅니다.

미리 알면 좋아요

1. 유리수 실수實數 중에서 정수整數와 분수分數를 합친 것. 두 정수 a와 $b(b \neq 0)$를 비比 $\dfrac{a}{b}$ 분수의 꼴로 나타낸 수를 말합니다.

슈티펠의
여섯 번째 수업

이번 수업에서는 유리수 지수와 지수법칙에 대해 알아보도록 하겠습니다. 밑마우스, 준비됐나요? 정수 지수에 대한 지수법칙 $(a^m)^n = a^{mn}$이 거듭제곱근의 경우에도 성립한다는 것을 ○ 안에 숫자를 넣어 알아보도록 합시다.

퀴즈 퀴즈 퀴즈 시간이 돌아왔습니다.

밑마우스, 괄호 안의 동그라미와 괄호 밖의 지수가 곱해져 생기는 것을 찾아보세요.

위에서부터 차례로 ○ 안에 알맞은 수를 써넣으시오.

$(\sqrt{2}\,)^2 = 2 \qquad \Leftrightarrow \qquad (2^○)^2 = 2^1$

$(\sqrt[3]{2}\,)^3 = 2 \qquad \Leftrightarrow \qquad (2^○)^3 = 2^1$

$(\sqrt[4]{2}\,)^4 = 2 \qquad \Leftrightarrow \qquad (2^○)^4 = 2^1$

맨 위부터 차례로 그 답을 찾으면 $\dfrac{1}{2}, \dfrac{1}{3}, \dfrac{1}{4}$ 이 됩니다.

여기서 나 슈티펠의 설명이 좀 들어갑니다. $\sqrt[3]{2}$ 는 $2^{\frac{1}{3}}$ 과 같아집니다. $\sqrt{}$ 앞에 조그마한 3이 분수 지수의 분모가 되고, $\sqrt{}$ 안의 2는 원래 2^1이므로 지수 1이 분수 지수의 분자로 갑니다.

이렇게 생각하면 기억하기 편합니다.

분모는 부모입니다. 부모님들이 밖에 나가서 돈을 벌어오니 $\sqrt{}$ 바깥에 있고, 자식은 집에서 부모님을 기다립니다. 그래서 분자를 만듭니다.

그럼, 다시 차근차근 설명을 하겠습니다. $a > 0$일 때, 정수 m, n에 대하여 성립하는 지수법칙은 $(a^m)^n = a^{mn}$ 입니다.

이 지수법칙을 이용하여 지수가 유리수인 경우에도 성립하는지 알아봅시다. 예를 들어 $m = \dfrac{2}{3}$, $n = 3$일 때는 다음과 같습니다.

$$(a^{\frac{2}{3}})^3 = a^{\frac{2}{3} \times 3} = a^2$$

그런데 $a^{\frac{2}{3}} > 0$이므로 $a^{\frac{2}{3}}$는 a^2의 세제곱근입니다.

$$a^{\frac{2}{3}} = \sqrt[3]{a^2}$$

따라서 지수가 유리수인 경우에 다음과 같이 정의합니다. 조금, 아니 많이 어렵습니다. 유리수 지수의 정의입니다.

중요 포인트

$a > 0$, m이 정수이고 n이 2 이상의 정수일 때,

$$a^{\frac{1}{n}} = \sqrt[n]{a} \ , \ a^{\frac{m}{n}} = \sqrt[n]{a^m}$$

경험치가 상당히 높은 것

$$a^{-\frac{m}{n}} = \frac{1}{a^{\frac{m}{n}}} = \frac{1}{\sqrt[n]{a^m}}$$

$a > 0$, k가 유리수일 때,

$$a^{-k} = \frac{1}{a^k}$$

나 슈티펠이 여러분들에게 좀 미안한 이야기를 하겠습니다. 지금 하는 이야기는 좀 어렵습니다. 어렵더라도 포기하지 말고 내 설명을 잘 들어주세요. 어차피 나중에 배우고 익혀야 할 부분이니까요.

$(-3)^{-\frac{3}{4}}$의 값은 없습니다. 또 $0^{-\frac{3}{4}}$은 정의하지 않습니다. 일반적으로 유리수 지수의 정의는 밑이 양수여야 합니다.

$$(a^m)^n = a^{mn}$$

여기서 m, n이 정수이면 $a > 0$, $a < 0$에 관계없이 성립합니다. 그러나 m 또는 n이 유리수이면 $a > 0$일 때만 성립합니다.

예를 들어 $a = -2$, $m = 2$, $n = \frac{1}{2}$일 때 $(a^m)^n = a^{mn}$이 성립한다면 다음과 같이 됩니다.

$$\{(-2)^2\}^{\frac{1}{2}} = (-2)^{2 \times \frac{1}{2}} = (-2)^1 = -2$$

틀린 결과가 되지요. 왜 틀린 것인지 모르겠지요? 맞게 표현해 보겠습니다.

슈티펠이 들려주는 지수 이야기

$$\{(-2)^2\}^{\frac{1}{2}} = 4^{\frac{1}{2}} = 2$$

이렇게 계산해야 맞습니다.

지수가 유리수인 경우, $\sqrt{}$ 를 써서 나타낼 수 있습니다.

밑마우스가 $a^{\frac{1}{n}}$의 뜻에 대해 궁금해 하는군요. 여러분들은 지금도 힘들어 하는데 밑마우스가 눈치도 없이 또 이런 것을 물어오네요. 이럴 때 보면 마치 쥐처럼 얄밉지요.

▨ $a^{\frac{1}{n}}$의 뜻

양의 정수 n에 대하여 a^n은 a를 n번 거듭제곱한 것입니다. $a^{\frac{1}{n}}$은 a를 $\frac{1}{n}$번 거듭제곱한 것이 아니라, n번 거듭제곱하여 a가 되는 수를 뜻합니다.

말이 좀 어렵지요. 수를 가지고 구체적으로 예를 들어 보겠습니다.

$3^{\frac{1}{2}}$을 예로 들어 보면, $3^{\frac{1}{2}}$을 2번 거듭제곱하면 $(3^{\frac{1}{2}})^2 = 3$이 된다는 말입니다.

감이 올 듯 말 듯하지요? 이해가 안 되는 사람은 밑마우스를 원망하세요.

다음으로 넘어갑니다.

수학은 뭐니 뭐니 해도 수를 가지고 이해하는 것이 제일 빨라요.

지수가 유리수인 경우 $\sqrt{}$ 를 써서 나타내 보이겠습니다.

$a > 0$일 때, 다음을 $\sqrt{}$ 를 써서 나타내겠습니다. 차례로 등장하세요.

$a^{\frac{2}{3}}$입니다.

지수가 $\frac{2}{3}$로 유리수네요. 유리수는 분수지요. 분수는 분모와 분자로 만들어집니다. 분모는 3이고 분자는 2입니다. 그럼, 여기서 택배로 방금 도착한 $\sqrt{}$ 가져오세요. 밑마우스, 불량이 있는지 꼼꼼하게 검사해 주세요.

밑마우스가 꼼꼼히 살펴본 결과 불량이 아니라고 합니다.

자, 이제 조립을 해 보겠습니다. 분수 지수에서 분모는 $\sqrt{}$ 밖에 설치하고 분자는 $\sqrt{}$ 안에 설치합니다. 설치할 때 본드칠을 확실히 하세요. 바람 불어도 안 떨어지게요. 다 붙인 것을 확인해 볼까요?

$$a^{\frac{2}{3}} = \sqrt[3]{a^2}$$

슈티펠이 들려주는 지수 이야기

흔들어 보세요. 꼼짝도 하지 않지요? 아주 좋아요. 훌륭해요. 다음 것 가져오세요.

$$a^{\frac{5}{4}}$$

음, $\frac{5}{4}$는 가분수입니다. 걱정하지 마세요. 여기서는 가분수든 진분수든 아무 의미가 없습니다. 기존 방식대로 하면 됩니다.

$$a^{\frac{5}{4}}=\sqrt[4]{a^5}$$

문제는 다음에 등장하는 녀석입니다. 약간 음침한 냄새가 코끝을 자극합니다. 나의 왼쪽 팔뚝에 닭살이 돋습니다.

$$a^{-\frac{4}{5}}$$

그럴 줄 알았습니다. 유리수 지수 중 음수 형태가 드디어 등장했습니다.

촉각이 곤두섭니다. 밑마우스, 저기 보이는 마이너스 기호에 찔리지 않도록 조심하세요. 저 마이너스 기호를 없애는 것이 먼저입니다. 밑마우스, 당황하지 마세요. 저번에 배운 음의 정수 꼴의 지수와 방법은 같아요. 우리 회상해 봅시다.

$a^{-2} = \dfrac{1}{a^2}$ 로 고친 것이 기억나지요? 밑마우스, 감을 잡았나요? 자, 봅시다.

$$a^{-\frac{4}{5}} = \frac{1}{a^{\frac{4}{5}}} = \frac{1}{\sqrt[5]{a^4}}$$

슈티펠이 들려주는 지수 이야기

우리가 해냈습니다. 이 기쁨도 잠시, 갑자기 한 녀석이 밀어 닥치네요. 하지만 우리도 질세라 바로 받아 칩니다.

$$a^{-0.25} = a^{-\frac{1}{4}} = \frac{1}{a^{\frac{1}{4}}} = \frac{1}{\sqrt[4]{a}}$$

후아, 일 분만 쉬고 다음으로 갑시다.

수학은 한쪽으로만 공부를 하면 허점이 생깁니다. 그래서 반대쪽의 수학 근육을 단련시켜 보도록 하겠습니다.

$a > 0$일 때, 다음에 나타나는 녀석들을 $a^{\frac{m}{n}}$ 꼴로 만들어 집으로 돌려보냅시다. $\sqrt{}$ 로 나타난 수식을 지수가 유리수인 표현으로

고쳐야 합니다.

첫 번째 대결입니다. 사뿐 사뿐 걸어오는 녀석의 발걸음 진동이 느껴집니다. $\sqrt[2]{a^5}$ 입니다.

아하, 이 녀석이 다가오는 진동음이 들렸다 말았다 하는 이유를 알겠습니다. 이 녀석은 $\sqrt{a^5}$ 으로도 쓸 수 있습니다. 왜냐면 이 녀석은 $\sqrt{}$ 밖의 2를 생략할 수 있으니까요. 제곱근인 이 녀석의 장점이기도 합니다. 하지만 우리는 이 녀석을 대할 때 방심하면 안 됩니다.

$\sqrt{a^5}=a^{\frac{5}{1}}=a^5$ 이거 아닙니다. $\sqrt[2]{a^5}=a^{\frac{5}{2}}$ 맞습니다. 하지만 $\sqrt{a^5}=\sqrt[2]{a^5}$ 맞습니다. $\sqrt{}$ 밖의 생략된 2에 주의합시다.

곧이어 등장하는 $\sqrt[4]{a^2}$ 을 바로 들어 메치기 들어갑시다.

$$\sqrt[4]{a^2}=a^{\frac{2}{4}}$$

여기서 끝난 것이 아닙니다. 마지막 기술을 걸지 않으면 녀석은 다시 살아날지 모릅니다. 끝내기 기술 들어가야 합니다. 얍!

$$a^{\frac{2}{4}}=a^{\frac{1}{2}}$$

나의 왼쪽 이마에 구슬땀이 흐릅니다. 땀이 채 식기도 전에 마지막 녀석이 등장합니다.

$$\sqrt[6]{a^9}=a^{\frac{9}{6}}=a^{\frac{3}{2}}$$

약분까지 해서 완전히 마무리합니다. 이제 오른쪽 이마에도 땀이 흐릅니다. 여러분도 좀 쉬세요. 이번 수업을 마칩니다.

1 $a > 0$, m이 정수이고 n이 2 이상의 정수일 때,

$$a^{\frac{1}{n}} = \sqrt[n]{a} \,, \quad a^{\frac{m}{n}} = \sqrt[n]{a^m}$$

$$a^{-\frac{m}{n}} = \frac{1}{a^{\frac{m}{n}}} = \frac{1}{\sqrt[n]{a^m}}$$

2 $a > 0$, k가 유리수일 때,

$$a^{-k} = \frac{1}{a^k}$$

지수가
실수인 경우

지수가 실수인 경우에 대해 배워 봅니다.

1. 지수가 실수인 경우를 배워 봅니다.

미리 알면 좋아요

1. 무리수   실수 중에서 유리수가 아닌 수. 즉 두 정수 a, b의 비比인 꼴 $\frac{a}{b}(b \neq 0)$로 나타낼 수 없는 수입니다.

2. 실수 정수의 몫으로 정의되는 유리수의 범위에서는 대소의 순서를 정할 수 있으며, 사칙연산을 자유로이 할 수 있는 수. 그러나 이 범위에서는 역시 불완전한 점이 많습니다. 예를 들어, 단위의 길이를 가지는 정사각형 대각선의 길이 $x^2 = 2$의 근는 유리수로 나타낼 수 없습니다. 이와 같은 결함을 보완하기 위하여 유리수에 무리수를 첨가하여 수의 범위를 실수까지 확장한 것입니다.

앞에서 배운 유리수 지수에 대하여 조금 더 공부하도록 합시다. 지난 수업에서는 너무 힘들어 다 하지 못했습니다. 그래서 이번 시간의 본 수업으로 들어가기 전에 몇 가지 더 해 보고 들어가겠습니다.

유리수 지수에 대하여, 제곱근의 성질

$$a^m \times a^n = a^{m+n}$$

을 이용하면 다음과 같습니다.

$$a^{\frac{2}{3}} \times a^{-\frac{1}{2}} = a^{\frac{4}{6}} \times a^{-\frac{3}{6}} = \sqrt[6]{a^4 \times a^{-3}} = \sqrt[6]{a^{4+(-3)}}$$
$$= a^{\frac{4+(-3)}{6}} = a^{\frac{2}{3}+\left(-\frac{1}{2}\right)}$$

와아~, 정말 이곳에는 우리가 배운 수학의 여러 기술들이 숨어 있습니다. 통분, 공통인 것을 끄집어내기, 제곱근의 성질인 두 거듭제곱끼리의 곱은 지수끼리 합하기 등등. 군것질 거리를 사와서 천천히 먹으면서 이해하세요.

결론은 $m = \frac{2}{3}$, $n = -\frac{1}{2}$일 때에도 성립한다는 것입니다. 아직 먹고 있는 과자가 많이 남았지요? 그럼, 한 가지만 더 하겠습니다. 편안한 마음으로 과자를 먹으면서 보도록 하세요. 당장 중요한 것은 아니니까요. 부담 없이 보세요.

$m = \frac{2}{3}$, $n = -\frac{1}{2}$일 때, 지수법칙 $(a^m)^n = a^{mn}$이 성립함을 확인해 보겠습니다.

밑마우스가 갑자기 화를 냅니다. 자기가 $m = \frac{2}{3}$, $n = -\frac{1}{2}$ 이 지수들을 들고 다닐 것을 생각하니 화가 치미는 모양입니다.

당연합니다. 하지만 학생들이 이 어려운 공부를 하는데 우리가 그 정도의 수고는 해야지요.

$$(a^{\frac{2}{3}})^{-\frac{1}{2}} = (\sqrt[3]{a^2})^{-\frac{1}{2}} = \frac{1}{(\sqrt[3]{a^2})^{\frac{1}{2}}} = \frac{1}{\sqrt{\sqrt[3]{a^2}}} = \frac{1}{\sqrt[6]{a^2}} = \frac{1}{\sqrt[3]{a}}$$

엄청 힘들다고요? 이것은 여기서 그만하겠습니다. 한 번에 다 이해하려는 것은 지나친 욕심입니다.

다음으로 넘어가지요.

$$a^{\frac{2}{3} \times (-\frac{1}{2})} = a^{-\frac{1}{3}} = \frac{1}{\sqrt[3]{a}}$$

밑마우스가 더 이상 참을 수 없는지 이를 드러내며 달려듭니다. 이해하기에는 너무나 힘든가 봅니다.

결론은 이렇습니다.

$$(a^{\frac{2}{3}})^{-\frac{1}{2}} = a^{\frac{2}{3} \times (-\frac{1}{2})}$$

일반적으로 지수를 유리수까지 확장하여도 다음의 지수법칙은 그대로 성립합니다.

지수가 유리수일 때의 지수법칙

$a>0$, $b>0$이고 m, n이 유리수일 때,

- $a^m \times a^n = a^{m+n}$
- $(a^m)^n = a^{mn}$
- $(ab)^m = a^m b^m$
- $a^m \div a^n = a^{m-n}$

휴우, 힘듭니다. 그런데 갑자기 어디서 싸우는 소리가 내 귀의 고막을 자극합니다.

"야야야, 길고 짧은 건 대 봐야 알지. 무슨 소리야?"

도대체 무슨 일일까요?

다음 세 수들이 자기가 제일 크다고 서로 싸우고 있군요.

$$\sqrt[3]{3}, \ \sqrt[4]{4}, \ \sqrt[12]{12}$$

그냥 눈으로 봐서는 크기를 전혀 알 수가 없네요. 까다로운 문제입니다. 그냥 모른 척하고 돌아서는 나와 밑마우스를 세 수들이 막아섭니다. 자신들의 크기를 가려 주기 전에는 절대 그냥 갈

수 없다며 밑마우스와 나를 위협합니다. 특히 $\sqrt[12]{12}$ 가 제일 화를 냅니다. 그의 이름은 '십이 제곱근 십이' 입니다.

자, 그들의 소원을 들어 줍시다. 거듭제곱근의 대소를 비교할 때, 밑이 같으면 지수를 비교하고, 밑이 같지 않으면 지수를 같게 하여 밑을 비교합니다.

일단 거듭제곱근의 꼴을 분수 지수의 꼴로 고칩니다. 그 다음 지수들 분모의 최소공배수를 구하여 통분합니다. 아, 오래간만이에요, 최소공배수! 최소공배수도 지수에서 우리를 만나니 반갑게 미소를 짓습니다.

그리고 초등학교 때부터 분수에서 우리와 친분을 쌓았던 통분도 이런 자리에서 만나니 너무 반갑습니다.

지수를 같게 한 후 밑의 크기를 비교합시다.

두두둥~. 이제 들어갑니다. 시신경과 뇌를 활짝 열어 두세요.

$$\sqrt[3]{3}=3^{\frac{1}{3}}, \quad \sqrt[4]{4}=4^{\frac{1}{4}}, \quad \sqrt[12]{12}=12^{\frac{1}{12}}$$

거듭제곱을 지수 꼴로 고치는 것은 앞에서 배웠지요? 물론 기억이 나지 않겠지요. 당연합니다. 다시 봅시다.

$$\sqrt[m]{a^n} = a^{\frac{n}{m}} \impliedby \sqrt{} \text{ 밖에 있는 } m \text{이 분모가 되고 } \sqrt{} \text{ 안에 있는 } n \text{이}$$

분자가 됩니다.

$\sqrt{}$ 안이 3, 4, 12라서 적용하기가 좀 힘들었지요. 3과 3^1은 같습니다. 4는 4^1, 12는 12^1입니다.

그래서 $\sqrt[3]{3} = 3^{\frac{1}{3}}$, $\sqrt[4]{4} = 4^{\frac{1}{4}}$, $\sqrt[12]{12} = 12^{\frac{1}{12}}$가 된 것입니다.

이제 각각의 지수의 분모 3, 4, 12의 최소공배수인 12로 통분해 봅시다.

$$3^{\frac{1}{3}} = 3^{\frac{4}{12}}, \ 4^{\frac{1}{4}} = 4^{\frac{3}{12}}, \ 12^{\frac{1}{12}}$$

아직 비교하지 마세요. 한 단계 더 남았습니다.

$$3^{\frac{4}{12}} = (3^4)^{\frac{1}{12}} = 81^{\frac{1}{12}}, \ 4^{\frac{3}{12}} = (4^3)^{\frac{1}{12}} = 64^{\frac{1}{12}}, \ 12^{\frac{1}{12}}$$

자, 다시 정리합시다. 다음을 빤히 쳐다보세요.

$$81^{\frac{1}{12}}, \ 64^{\frac{1}{12}}, \ 12^{\frac{1}{12}}$$

빤히 쳐다보니 뭔가 똑같은 것이 보이지요? 분수 지수가 $\frac{1}{12}$로 다 똑같습니다. 그렇다면 $\frac{1}{12}$은 모른 척 무시하고 나머지의 크기를 비교하면 됩니다. 그들의 원래 정체를 써 줄 테니 여러분들이 크기를 가려 주세요.

$$81^{\frac{1}{12}} = \sqrt[3]{3},\ 64^{\frac{1}{12}} = \sqrt[4]{4},\ 12^{\frac{1}{12}} = \sqrt[12]{12}$$

자, 이제 원래의 모습을 옆에 써 놓았으니 누가 제일 작은지 알겠지요? 우리를 가장 많이 위협했던 친구가 제일 작네요. 옛말 틀린 것이 없습니다. 빈 깡통이 요란합니다. 자 밑마우스, 우리는 이제 돌아갑시다. 나머지는 우리 학생들의 몫입니다.

이제 지수가 실수인 경우를 다루어 봅시다. 정말 오래 기다렸죠?

지수가 무리수인 경우에 대하여 공부해 보도록 합시다.

"실수인 경우라면서 왜 무리수인 경우를 공부하나요?"

그렇게 의문을 가질 수도 있습니다. 의문이란 배우는 사람이

많이 해야 하는 것이니까 좋습니다.

실수는 크게 유리수와 무리수로 나누어집니다. 유리수 안에는

뭐가 있는지 꺼내 봅시다. 밑마우스, 도와주세요.

밑마우스가 처음 꺼낸 상자는 정수입니다. 유리수라는 큰 상자에서 정수를 꺼내고 남은 것이 있나 상자를 보니 정수가 아닌 유리수 $\frac{1}{2}$, 0.07, $-\frac{3}{5}$ … 가 부스러기처럼 남아 있습니다.

이제 정수 상자에 들어 있는 더 작은 상자를 꺼냅니다. 자연수라는 상자입니다.

자연수를 꺼내고 남은 정수 상자 속을 보니 자연수가 아닌 정수 부스러기 0, -1, -2, -3, -4, … 들이 남아 있습니다.

자연수 상자를 열어보니 1, 2, 3, 4, 5, … 수가 끝도 없이 나옵니다. 그렇습니다. 지금까지 배운 수들은 거의 다 유리수입니다.

하지만 무리수는 유리수 상자에서 찾을 수 없습니다. 그는 실수라는 큰 상자에서 유리수 상자를 빼내고 남은, 유리수가 아닌 실수 부스러기입니다. 이런 상자들의 포함 관계가 뇌 속에 잘 자리 잡고 있어야 합니다.

다시 정리하면, 실수 안에 유리수도 있고 무리수도 있습니다. 유리수에 대해선 우리가 공부를 했으니 실수 상자 안에 유리수를 빼고 남은 무리수에 관해 공부해 보겠다는 말입니다.

'무리수' 하면 대표 반장 격인 파이가 있습니다. 침 삼키지 마세요. 먹는 파이 아닙니다. 원주를 구할 때 쓰는 파이입니다. 원주율이라고 부르기도 합니다. 3.14를 말하는 것이지요. 우리가 알고 있는 3.14는 정확한 값이 아니라는 것은 다 알지요? 아마도 학교 선생님께 들었을 것입니다. 파이를 약 3.14라고 하는데 3.14 뒤의 소수는 끝이 없습니다. 일부 수학자들은 아직도 그 끝을 보기 위해 계산하고 있습니다. 이제는 컴퓨터까지 동원하여 계산을 하고 있지요.

3.1415926535 8979323846 2643383279 5028841971 6939937510

5820974944 5923078164 0628620899 8628034825 3421170679

8214808651 3282306647 0938446095 5058223172 5359408128 …

슈티펠이 들려주는 지수 이야기

파이 π는 약 3.14라고 하는데 3.14…뒤의 소수는 끝이 없습니다.

π = 3.14…

쳇!

컴퓨터인 나도 파이의 끝은 알 수가 없어.

3.1415926535

위~잉

3.1415926535

3.1415926535 8979323846
2643383279 5028841971
6939937510 5820974944
5923078164 0628620899
8628034825 3421170679
8214808651 3282306647
0938446095 5058223172
5359408128, …

$\sqrt{2}$도 대표적인 무리수라고 할 수 있어요.

굿!

지수 학생은 언제나 정답만을 말하는군요.

밑마우스도 3.14 뒤에 오는 수를 구하기 위해 애쓰다 지쳐 슈티펠에게 말합니다.

"슈티펠 선생님, 헉헉 힘들어요. 혹시 물 있어요, 물 있슈?"

물 있슈? 맞습니다. 이 같은 수는 소수로 나타내려면 끝도 없이 나열되므로 힘이 듭니다. 그래서 갈증이 나서 물을 찾지요. 그래서 물있슈, 물있슈, 무리수가 되었다는 생각이 얼핏 듭니다.

너무 이야기가 샜습니다. 지수가 무리수인 경우에 대해 공부합시다. 무리수가 뭔지 감을 조금 잡은 상태에서 갑니다.

예를 들어 $\sqrt{2}$무리수에 한없이 가까워지는 유리수

$$1, \quad 1.4, \quad 1.41, \quad 1.414, \quad 1.4142, \cdots$$

가 있습니다. 이때 3을 밑, 위의 유리수를 지수로 하는 거듭제곱

$$3^1, \quad 3^{1.4}, \quad 3^{1.41}, \quad 3^{1.414}, \quad 3^{1.4142}, \cdots$$

을 생각할 수 있고, 이 값을 계산기를 이용하여 구하면 다음과 같습니다. 계산기를 쓰세요.

거듭제곱	3^1	$3^{1.4}$	$3^{1.41}$	$3^{1.414}$	$3^{1.412}$	$\cdots$
값	3	$4.6555\cdots$	$4.7069\cdots$	$4.7276\cdots$	$4.7287\cdots$	$\cdots$

이 표에서와 같이 위의 거듭제곱은 어떤 일정한 값에 한없이 가까워짐이 알려져 있습니다. 이 일정한 수를 $3^{\sqrt{2}}$으로 정합니다.

이러한 방법으로 지수가 실수인 거듭제곱을 정할 수 있습니다.

밑마우스가 $3^{\sqrt{2}}$의 값을 나타내는 데 도전합니다.

슈티펠이 들려주는 지수 이야기

"$3^{\sqrt{2}} = 4.728804387837414947 \cdots$ 헉헉, 물 있슈?"

그렇습니다. 무리수의 값을 찾기란 무리입니다.

실수 지수의 지수법칙도 마찬가지입니다.

$a > 0$, $b > 0$이고 m, n이 실수일 때,

① $a^m \times a^n = a^{m+n}$ ② $(a^m)^n = a^{mn}$

③ $(ab)^m = a^m b^m$ ④ $a^m \div a^n = a^{m-n}$

온통 영어뿐이네요. 수학은 숫자를 가지고 이해해야 입안에 감칠맛이 촤악 돕니다. ①번 경우의 예를 들어 봅시다.

$$3^{\sqrt{2}} \times 3^{2\sqrt{2}} = 3^{\sqrt{2}+2\sqrt{2}} = 3^{3\sqrt{2}}$$

밑이 같은 두 수의 곱은 지수끼리 더합니다. 지수 $\sqrt{2}+2\sqrt{2}=3\sqrt{2}$ 가 되는 것을 이해하기 힘든가요? $x+2x=3x$라고 생각해도 좋고, (네모)$+2$(네모)$=3$(네모)라고 생각하여 (네모) 대신 $\sqrt{2}$ 가 들어갔다고 보면 됩니다. 이제 ②번의 경우를 알아보겠습니다.

밑마우스, 이번 지수는 좀 무겁지요? 유리수 지수는 바람에 흔들리고, $\sqrt{}$ 기호는 철로 만들어져 무겁고, 고생이 많습니다.

$$(3^{\sqrt{2}})^{\sqrt{2}} = 3^{\sqrt{2} \times \sqrt{2}} = 3^2 = 9$$

자, 여기서 배운 것을 복습해 보겠습니다. 지수의 곱만 보기 껄끄러우니까 그것만 해결해 봅시다. 앞의 거듭제곱에서 배운 내용입니다. 물론 기억은 나지 않을 테지요. 앞으로 돌아가서 보고 오세요. 나는 여기서 돌아올 때까지 기다리겠습니다.

이제 알겠지요? $^{\sqrt{2} \times \sqrt{2}}$를 확대해서 $\sqrt{2} \times \sqrt{2}$ 로 생각하면 됩니다.

$$\sqrt{2} \times \sqrt{2} = \sqrt{2 \times 2} = \sqrt{2^2}$$

자, 이제 오래간만에 지수 2 폭탄을 던져 봅시다. 조준을 잘하세요. $\sqrt{}$ 를 향해 던져야지요. '쾅!' 2가 나왔습니다. 2는 원래 크기의 ^{2}로 돌아가서 3의 지수가 됩니다. 3^2이 됐습니다. 3의 2제곱은 3이 2번 곱해진 것이므로 $3 \times 3 = 9$가 됩니다. 답을 구했습니다. 구라고요. 답이 구.

이제 밑이 다른 실수 지수를 구해 보겠습니다. 이 경우는 지수가 같아야만 계산을 할 수 있습니다. 마트에서 똑같은 지수 $\sqrt{2}$ 를 사 온 경우입니다. 보세요.

$$3^{\sqrt{2}} \times 5^{\sqrt{2}} = (3 \times 5)^{\sqrt{2}} = 15^{\sqrt{2}}$$

이 경우는 지수가 같으므로 한 개만 사기 위해 한 개를 빼내고 나머지는 묶어서 계산해도 됩니다. 마치 분배법칙과 같습니다.

지수 $\sqrt{2}$ 가 빠져 주니까 3과 5가 짝짜꿍이 맞아 곱해지지요.

이제 나누기에 대해 알아보고 마칩시다. 거듭제곱의 나누기는 지수끼리 빼기라는 것을 기억하지요?

$$3^{\sqrt{2}} \div 3^{2\sqrt{2}} = 3^{\sqrt{2} - 2\sqrt{2}} = 3^{-\sqrt{2}}$$

끝이 났습니다. 위 계산의 중간중간에 어려운 부분은 숙제이므로 여러분이 지금까지 배운 지식으로 곰곰이 생각해 보세요. 그럼 해결할 수 있을 겁니다. 너무 섭섭해 하지 마세요. 이것을 설명하느라 밥도 못 먹었어요. 밑마우스, 밥 먹으러 갑시다.

일곱 번째
수업 정리

1 지수가 실수일 때의 지수법칙

$a>0,\, b>0$이고 $m,\, n$이 실수일 때,

- $a^m \times a^n = a^{m+n}$
- $(a^m)^n = a^{mn}$
- $(ab)^m = a^m b^m$
- $a^m \div a^n = a^{m-n}$

지수의
활용 문제

일상생활과 산업 전반에서 쓰이는 지수의 활용에
대해 알아봅니다.

여덟 번째 학습 목표

1. 일상생활과 산업 전반에서 쓰이는 지수의 활용에 대해 알아봅니다.

미리 알면 좋아요

1. 나노기술 10억분의 1 수준의 정밀도를 요구하는 극미세가공 과학기술. 기존의 재료 분야들을 연결함으로써 새로운 기술 영역을 구축하고, 기존의 학문 분야와 인적자원 사이의 시너지 효과를 유도하며 최소화와 성능 향상에 기여하는 바가 큽니다.

2. 힐베르트 독일의 수학자. 그의 업적은 수학의 거의 모든 부분에 미치고 있으나, 특히 대수적 정수론代數的整數論의 연구, 불변식론不變式論의 연구, 기하학의 기초 확립, 수학의 과제로서의 몇몇 문제 제시, 적분방정식론의 연구와 힐베르트 공간론의 창설, 공리주의 수학기초론公理主義數學基礎論의 전개 등을 들 수 있습니다.

슈티펠의
여덟 번째 수업

　차세대 신기술로 불리는 나노기술이라는 것이 있습니다. 아주 작은 재료를 사용하는 기술이지요. 전자, 의약, 생체, 에너지, 환경 등 일상생활뿐만 아니라 산업 전반에 엄청난 영향을 미치고 있습니다.

　급속히 발전하고 있는 정보기술에서 쓰이는 숫자는 엄청 커지고 있습니다.

　나노기술에서 나노는 엄청나게 작은 수를 말하는 것이고, 컴퓨터에서 많이 쓰이는 메가, 기가는 매우 큰 수를 나타냅니다.

나노와 기가라는 말을 하고 있으니까 옆에 있던 밑마우스가 말장난을 합니다.

"니나노, 기가 막혀."

하여튼 밑마우스는 못 말리겠습니다.

나노란 말은 난장이를 뜻하는 고대 그리스어 '나노스'에서 비롯되었습니다. 나노과학에서는 현재보다 집적도가 만 배나 높은 반도체, 우리 몸 안에서 암세포를 제거하고 세균과 싸우는 나노로봇, 냄새까지 전달해 주는 TV 등을 개발하려고 합니다.

로봇이 얼마나 작기에 우리 몸속에서 활동하는 세균과 싸우는 걸까요? 신기합니다. 그런 수를 지수가 표현하고 계산해 내는 것입니다. 지수, 배워 볼 만하지요?

컴퓨터가 처리하는 정보의 기본 단위는 바이트byte, B입니다. 컴퓨터 기억 장치의 용량 또는 정보량을 나타낼 때는 다음과 같이 정의된 킬로바이트KB, 메가바이트MB, 기가바이트GB 등을 사용합니다.

슈티펠이 들려주는 지수 이야기

$$1\mathrm{KB}=2^{10}\mathrm{B}, \ 1\mathrm{MB}=2^{10}\mathrm{KB}, \ 1\mathrm{GB}=2^{10}\mathrm{MB}$$

정보의 최소 단위인 1비트는 0 또는 1을 나타내며 1바이트는 숫자, 영문자, 특수 문자 등을 모두 나타낼 수 있습니다.

$2^{10} \fallingdotseq 1000$이므로 이진법을 사용하는 컴퓨터에서는 1KB로 1000B가 아니라 2^{10}B를 사용합니다.

지구에서 태양까지의 거리를 표현할 때도 지수를 사용합니다. 그러니 이번 표현은 밑마우스가 도와주세요.

지구에서 태양까지의 거리는 $1.5 \times 10^8 km$입니다. 만약 지수를 사용하지 않고 표현한다면 동그라미를 8개 그려야 합니다. 한두 번 표현할 때는 괜찮지만 여러 번 지구에서 태양까지의 거리를 말한다면 동그라미 8개를 그린다는 것이 여간 부담스럽지 않습니다. 그래서 편리한 지수 표현을 사용합니다.

빛의 속력은 $3 \times 10^8 m/s$입니다. 상당히 빠른 속도입니다. 이 역시 지수로 표현하면 편리합니다. 이제 작은 수를 표현해 보겠습니다.

전자의 질량은 $9.10955 \times \dfrac{1}{10^{28}} g$입니다. 만약 이것을 지수를 사용하지 않고 표현하려면 정말 번거로워집니다. 우리가 까다로워하는 지수 표현이지만 잘 활용하면 아주 편리합니다.

이해가 안 되는 학생들을 위해 보여 주겠습니다. 자신의 검은 동공으로 확인해야 직성이 풀리는 학생들이 간혹 있습니다.

$$9.10955 \times \frac{1}{10^{28}} = 0.000000000000000000000000000910955$$

둘 중에 어느 것이 편리한지 알겠나요? 제대로 동그라미를 그렸는지 의문입니다. 0을 빼먹는 실수를 저지를 수도 있을 겁니다. 확인하는 길은 9.10955의 점에서 앞으로 28칸을 옮겨서 점을 찍고 칸칸이 동그라미를 그려 넣는 것입니다. 확인은 여러분이 직접 해 보세요.

그렇다고 지수 표현을 아무 때나 쓰면 안 됩니다. 가령 슈퍼마켓에 가서 물건을 사고 "아줌마, 여기 10^4원입니다" 하면 아줌마가 뭐라고 하겠어요. 또 직행버스를 타면서 "아저씨, 버스비 1.4×10^3원이죠?" 하면 버스 운전기사 아저씨 화냅니다.

문제를 하나 풀어 보겠습니다.

문제

먹다 남은 피자에 곰팡이가 매우 빠른 속도로 번식을 하고 있습니다. 곰팡이의 숫자가 2배로 늘어나는 데 x만큼의 시간이 걸립니다. 하루 동안 엄마가 그 피자를 치우지 않았을 때, 곰팡이의 수가 n에서 $16n$으로 늘어났다고 하면 하루가 또 지났을 때 곰팡이의 수를 구학시오. 단, 엄마가 그 피자를 치우지 않았다고 가정한다.

먼저 곰팡이가 2배로 늘어나는 데 걸리는 시간을 밑마우스 모양의 x로 두고 구합니다. 하루는 24시간이므로 하루 동안 곰팡이가 16 2^4배 늘어났습니다. 식을 세워 봅시다.

$$24 = 4x, \ x = 6$$

이는 6시간마다 곰팡이가 2배로 늘어나면서 하루 동안 2^4배만큼 늘어났다는 것을 뜻합니다. 곰팡이는 배로 늘어나기 때문에 먹으면 배가 아픈 겁니다.

앞으로 하루의 시간이 더 흐르므로 식을 다시 세워 봅시다.

$$(\text{현재 곰팡이의 수}) \times 2^4 = (\text{하루 뒤 곰팡이의 수})$$
$$16n \times 2^4 = 2^4 \times 2^4 n$$
$$= 2^4 \times 2^4 n = 256n$$

답은 $256n$개입니다. 곰팡이도 싫고 수학도 싫어하는 밑마우스가 힘겨워 하네요. 마지막 한 문제만 풀고 마치도록 하겠습니다.

슈티펠이 들려주는 지수 이야기

$2^{\sqrt{2}}$의 정체를 밝혀라. 과연 그는 누구인가?

$2^{\sqrt{2}}$은 어떤 수일까? 이는 힐베르트가 1900년 국제수학자대회에서 제시한 문제입니다. 학생들의 적이 아닐 수 없군요. 당시 수학계에서 풀어야 할 23가지 문제 중의 하나라고 합니다.

$2^{\sqrt{2}}$이 흥미를 끈 이유는 이 수에 $\sqrt{2}$제곱을 하면 $(2^{\sqrt{2}})^{\sqrt{2}}=2^{\sqrt{2}\times\sqrt{2}}=2^2=4$로 유리수가 되기 때문입니다. 하지만 $2^{\sqrt{2}}$은 분명한 무리수입니다.

"누구 물 있슈? 나 갈증나요."

밑마우스가 정말 힘든가 보군요. 그럼, 이제 모든 수업을 마치겠습니다. 이번 수업을 통해 지수에 대해 10^{-10}눈꼽만큼 작은 수만큼이라도 알게 되었으면 하는 것이 나의 바람입니다.

보려고, 알려고, 느끼려고 하는 사람만이 바라는 바를 성취하게 됩니다. 꼭 기억해 두세요. 밑마우스도 수고 많이 했습니다. 돌아가는 길에 '제리' 라는 고양이 조심하세요.

전자의 질량은 $9.10955 \times \dfrac{1}{10^{28}}$ g 입니다.

얼마나 작은 질량이죠?

확인해 줄게요.

$$9.10955 \times 10^{\frac{1}{28}}$$
$$=0.00000000000000000000000000910955$$

으헥~, 도대체 동그라미가 몇 개야?

지수가 없었다면 큰일 날 뻔했군요.

내가 공부를 가르칠 때 지수 학생이 없었다면 그것도 큰일이었겠죠.

치잇~, 저는요?

정수 학생이 없었다면 나는 심심해서 끝까지 수업을 할 수 없었을 거예요.

두 학생 모두 수고 많았어요.

선생님! 10^{100} 만큼 그리울 거예요.

저는 10^{1000} 만큼요~.

안녕~!

하하하. 모두들 지수 여행이 즐거웠나 보군요.

앞으로 지수에 대해 더 많은 것들을 알아보기 바랍니다.

슈티펠이 들려주는 지수 이야기

여덟 번째
수업 정리

1 컴퓨터가 처리하는 정보의 기본 단위는 바이트byte, B입니다. 컴퓨터 기억 장치의 용량 또는 정보량을 나타낼 때는 다음과 같이 정의된 킬로바이트KB, 메가바이트MB, 기가바이트GB 등을 사용합니다.

$$1\text{KB}=2^{10}\text{B}, \ 1\text{MB}=2^{10}\text{KB}, \ 1\text{GB}=2^{10}\text{MB}$$